AF286885

HARRO HIERONIMUS • AQUARIENTECHNIK-FIBEL

Harro Hieronimus

Aquarien-
technik-
Fibel

Wie funktioniert's und was ist notwendig?

Fotohinweise:
Aquamedic: 59, 62. Arcadia: 56, 69, 71, 76., S. Chou: 10, Dennerle: 52, 83. Easylife: 63.
Eheim: 15, 24, 32, 33, 34, 35, 36, 90, 93. Goudsmit Magnetic: 91. Hydor: 56. IKS: 54.
Giesemann/Rowa: 72, 79. JBL: 8, 15, 17, 24, 29, 39, 47, 61, 74, 85, 87, 88, 90, 91, 92.
Reiser: 37. Sera: 6, 24, 41, 87. Soechting: 20, 86, 90. Sxc: 89. Walther Aquarientechnik:
42, 46, 47. Wikipedia: 44. Alle übrigen Fotos sind vom Verfasser.

Bibliografische Information der Deutschen Bibliothek

Die Deutsche Bibliothek verzeichnet diese Publikation in der Deutschen
Nationalbibliografie; detaillierte bibliografische Daten sind im Internet
über http://dnb.ddb.de abrufbar.

ISBN 978-3-935175-49-4
© 2009 Dähne Verlag GmbH, Postfach 10 02 50, 76256 Ettlingen

Lektorat: Ulrike Wesollek-Rottmann
Herstellung: Daniela Gröbel, Ulrike Stauch
Druck: Himmer, Augsburg
Printed in Germany

Inhalt

Vorwort

Technik im Aquarium – unverzichtbar?

Kann man sich ein Aquarium ohne Technik überhaupt vorstellen? Eigentlich nicht. Selbst wenn wir auf vieles verzichten, Durchlüftung und Licht sind immer notwendig, um das Überleben der Aquarieninsassen, Fische, Wirbellose und Pflanzen, zu garantieren. Das bedeutet aber natürlich nicht, dass wir alles einsetzen müssen, was der Markt so hergibt. Es gilt, ein vernünftiges Maß zu finden.

Dieses Buch ist als Wegweiser durch das Technikangebot gedacht. Sie erfahren, warum und in welcher Form Technik sinnvoll eingesetzt werden kann und wie Sie auf einfache Weise Fische, Wirbellose und Pflanzen erfolgreich pflegen. Hintergründe und viele Tipps sollen Ihnen den Weg durch den Dschungel des Technikangebots etwas einfacher machen.

Harro Hieronimus

Ein Aquarium mit ausgewogenem Fisch- und Pflanzenbesatz und der entsprechenden Technik wertet das Wohnumfeld ungemein auf.

6

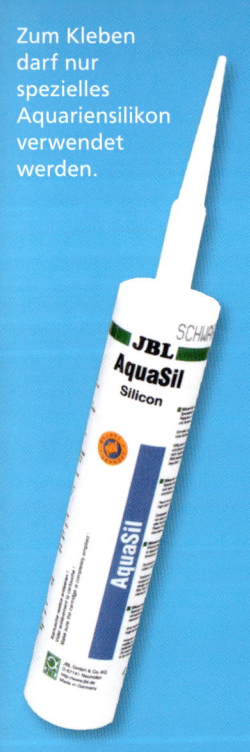

Zum Kleben darf nur spezielles Aquariensilikon verwendet werden.

Das Aquarium

Die Auswahl an Aquarien scheint fast unüberschaubar zu sein. Nahezu jede Form ist inzwischen möglich, vom normalen Viereckaquarium bis zu Modellen mit gewölbten Scheiben.

Welche Materialien werden verwendet

Kunststoffaquarien sind relativ selten, weil sie schnell verkratzen und dann trüb werden. So ist das Material der ersten Wahl immer noch Glas. Die normalen, preiswerteren Aquarien sind aus Floatglas, dem hauptsächlich hergestellten Industrieglas. Klarer und heller ist dagegen das Optiwhite-Glas, allerdings sind diese Aquarien deutlich teurer. Bei großen Aquarien ab acht oder zehn Millimeter Glasdicke machen sich die Vorteile des Optiwhite-Glases deutlich bemerkbar. Besonders große Aquarien werden aus verklebten Glasscheiben gefertigt und haben daher meist eine leichte Tönung, wie man sie auch bei Panzerglas findet.

Unterschieden wird zwischen Stoß- und Wulstverklebung: Bei der häufiger zu findenden Stoßverklebung überlappen die Scheiben und dazwischen ist Silikonkautschuk.

links:
Die Kantenverklebung hat sich weitgehend durchgesetzt

rechts:
Nur bei speziell gebogenen Aquarienscheiben muss die Wulstrandverklebung eingesetzt werden.

8

Bei der Wulstverklebung stehen die Scheiben nebeneinander und werden von außen und innen verklebt. Die Stoßverklebung soll stabiler sein, außerdem existiert dafür eine DIN-Norm.

Geklebt werden Aquarien mit ungiftigem Silikonkautschuk. Beim Selbstbau ist unbedingt darauf zu achten, dass ein aquariengeeignetes Material verwendet wird, da viele Kleber für den Sanitärbereich pilzhemmende Mittel enthalten.

Gelegentlich findet man auch Aquarien mit Rahmen. Er schützt die Kanten der Scheiben vor Beschädigungen, hat aber keine Stabilisierungsfunktion. Befindet sich der Rahmen nur oben und unten, achten Sie darauf, dass er gut geklebt ist, sonst kann Ihnen das Aquarium beim Hantieren zu leicht herausrutschen.

Auch große Trapezaquarien wirken durch die schrägen Scheiben etwas eleganter.

9

Größe

Die normalen Aquarien für die Fischhaltung beginnen bei einer Größe von etwa 60 cm, entsprechend 54 l. Im „Gutachten über Mindestanforderungen für die Haltung von Zierfischen (Süßwasser)" vom Bundesministerium für Ernährung, Landwirtschaft und Verbraucherschutz (BMELV) ist dies als Mindestgröße für die permanente Haltung von Aquarienfischen vorgesehen. Ausnahmen dürfen nur zu Zuchtzwecken und für besonders kleine Fische (bis etwa zwei Zentimeter Größe) gemacht werden. In Österreich ist allerdings für jede Form der Zierfischhaltung eine Mindestgröße von 54 l vorgeschrieben.

Gewicht berechnen

Nach oben sind der Aquariengröße kaum Grenzen gesetzt. Zu beachten ist jedoch das beträchtliche Gewicht selbst mittelgroßer Aquarien. Man rechnet mit dem etwa 1,25- bis 1,3-fachen des nominellen Aquarieninhalts, also für ein komplett eingerichtetes 160 l-Aquarium mit 200 bis 208 kg. Stabile Unterschränke sind daher eine Selbstverständlichkeit. Bei Aquarien ab etwa 300 l muss die Statik berücksichtigt werden. Im Zweifelsfall kann ein Statiker hinzugezogen werden.

10

Formen

Im Prinzip sind alle Aquarienformen möglich. Aber nicht alle sind gleich gut geeignet. So ist es günstig, nur 50 cm hohe Aquarien zu betreiben, wenn man noch mit den Händen am Bodengrund arbeiten will. Aquarien, die höher als tief sind (auch als Wandaquarium zum Aufhängen), haben einen reduzier-

Goldfischgläser gehen gar nicht

Seit mehr als hundert Jahren weisen erfahrene Aquarianer darauf hin, dass Goldfischgläser für die Haltung von Fischen, und nicht nur Goldfischen, nicht geeignet sind. Sie haben nur selten mehr als 54 l, eine zu kleine Oberfläche, eine sehr starke Verzerrung und lassen sich nur mühsam reinigen. Auch der Einbau von Technik wie in einigen „modernen" Systemen ändert nichts daran, dass sich Fische hier nicht wohlfühlen können.

Aquariensets bieten oft einen preiswerten Einstieg in die Aquaristik.

11

Panoramaaquarien sind oft nicht tief genug.

Das Standardaquarium ist immer noch rechteckig und gut einzusehen.

ten Gasaustausch und in den unteren Bereichen kann es zu Sauerstoffmangel kommen. Zahlreiche hochwertige und Designaquarien, aber

auch kleine und Kleinstaquarien haben gebogene Aquarienscheiben. Die Sicht in das Aquarium wird dabei im Bereich der Biegungen verzerrt.

Bei den Aquarien mit geraden Scheiben gibt es neben dem viereckigen Standardaquarium noch zahlreiche weitere Formen. Ob Drei-, Sechs- oder Achteckaquarium bleibt dem persönlichen Geschmack überlassen. Die Frontscheibe sollte möglichst groß sein, so hat man den besten Eindruck vom Aquarium und seinen Fischen.

12

Moderne Glastechniken lassen auch sehr freie Formen zu.

Inhalt berechnen

Der Inhalt eines Aquariums in Litern lässt sich beim Rechteckaquarium am einfachsten berechnen: Breite/cm x Tiefe/cm x Höhe/cm durch 1000 ergibt die Literzahl. Ein Aquarium 100 x 40 x 40 cm hat 160 l Inhalt. Beim Dreieckaquarium werden die rechte und linke Seite mit der Höhe multipliziert und das Ganze wird durch 2000 geteilt. Alle Aquarien mit geraden Scheiben lassen sich in Drei- und Vierecke aufteilen und so genau berechnen. Bei gewölbten Scheiben lässt sich der Inhalt leider nicht auf einfache Art genau berechnen, wir können ihn nur annähernd ermitteln.

Runde Frontscheiben eignen sich besonders für in Ecken aufgestellte Aquarien.

Nanoaquarien

Kleinst- und Kleinaquarien von 10 bis 40 Litern erfreuen sich für die Haltung von Garnelen und Wirbellosen derzeit großer Beliebtheit. Von der Technik her unterscheiden sie sich nicht von den größeren Aquarien, es ist alles nur eine Nummer kleiner. Als Filter finden häufig Rucksackfilter (s. S. 33) Verwendung, die den Innenraum nicht noch weiter verkleinern.

Aquariensets

Im Handel werden relativ preiswerte Komplettsets (üblich sind 60, 80 und 100 cm Breite entsprechend meist 54, 112 und 160 l) angeboten. Filter und Beleuchtung sind oft an der Untergrenze des Nötigen. Faustregel: Ein Zentimeter Fisch auf einen Liter Wasser. Gleichzeitig eignen sie sich überwiegend für Pflanzen, die geringe bis mittlere Lichtansprüche haben.

Nanoaquarien zur Wirbellosenhaltung liegen derzeit im Trend.

14

Luft im Aquarium

Eine der einfachsten Möglichkeiten, den Sauerstoffgehalt im Aquarium zu erhöhen und einem Sauerstoffmangel entgegenzuwirken, ist die Belüftung des Aquariums. Dazu benötigen wir nur eine Membranpumpe, einen Luftschlauch und einen Ausströmer. Aber auch auf andere Art kann man Luft ins Aquarium bringen, etwa mit einem Filter. Schließlich gibt es auch die Möglichkeit, Filter und Belüftung gleich miteinander zu verbinden.

15

Membranpumpen

Hier wird eine Membran durch Wechselstrom zum Vibrieren gebracht. Je größer die Membran ist, desto höher ist also die Leistung der Pumpe. Sie wird in Liter pro Stunde (e/h) gemessen, gibt aber nur an, wie viel Luft an der Pumpe herauskommt, nicht, wie viel ankommt. Das hängt wesentlich davon ab, wie tief der Ausströmer im Aquarium sitzt. Bei den einfachen Membranpumpen findet sich dazu meist keine Angabe, bei den besseren findet man oft etwa „2 m WS", also zwei Meter Wassersäule. Andere Angaben sind MPa (Megapascal; sinnvoll sind Werte ab 2 MPa) oder kg/cm² (ab 0,1 kg/cm). Diese Angabe ist wichtig, wenn wir mehrere Ausströmer an diese Pumpe anschließen wollen.

Für den längeren Transport gibt es auch batteriebetriebene Membranpumpen (wenn Sie eine batteriebetriebene Membranpumpe nicht in Ihrem Lieblingszoogeschäft bekommen, schauen Sie im nächsten Angelgeschäft). Sie reichen etwa für die Belüftung eines Eimers oder einer kleinen Wanne.

Auch der Standort der Membranpumpe ist wichtig. Sie sollte immer über dem Wasserspiegel des Aquariums angebracht werden, sonst läuft bei einem Stromausfall oft Wasser in den Schlauch und bis in die Pumpe und kann nicht nur dort, sondern auch in der Umgebung des Aquariums Schaden anrichten. Geht es nicht, die Membranpumpe erhöht aufzustellen, muss ein Rückschlagventil (s. S. 22) zwischen Pumpe und Aquarium angebracht werden.

Berechnen Sie den Verbrauch Ihrer Membranpumpe

Wenn Sie wissen wollen, wie viel Ihre Membranpumpe im Jahr kostet, brauchen Sie nur folgende Rechnung zu machen: Stromaufnahme in Kilowattstunde (kw/h; Achtung, es sind meist Watt angegeben) x 24 x 365 x Kosten pro kw/h. Bei einem Strompreis pro Kilowattstunde (kw/h) von 0,20 € und einer Stromaufnahme von 5 W wären dies knapp 9 € pro Jahr.

Für größere Aquarienanlagen braucht man auch stärkere Membranpumpen.

Ausströmer

Die meisten Ausströmer bestehen aus geschäumtem (gesintertem) Glas oder geschäumter (gesinterter) Keramik. Besonders feine Blasen erzeugen Lindenholzausströmer, diese werden aber vor allem in der Meerwasseraquaristik eingesetzt.

Passen Sie die Größe des Ausströmers an das Aquarium und den Fischbesatz an. Ist das Aquarium groß oder haben wir ein dicht besetztes Becken, sollte auch der Ausströmer etwas größer sein. Ob Sie normale Ausströmer oder beleuchtete, kleine „Vulkane" verwenden, spielt übrigens keine Rolle und

ist Ihrem persönlichen Geschmack überlassen.

Statt eines Ausströmers wird häufig auch eine Düse benutzt. Sie wird auch als Diffusor bezeichnet. Das zugrunde liegende Prinzip ist das der Venturidüse. Leitet man Wasser durch ein größeres Rohr (Schlauch) und steht senkrecht dazu ein kleineres Rohr (Schlauch), wird der Inhalt des kleineren Rohrs (Schlauchs) mitgerissen. Ragt dieses über die Wasseroberfläche, ist es Luft, sonst nur Wasser. Den Diffusor kann man für einige Filtertypen auch als separates Zusatzteil erwerben und ihn bei Bedarf nachrüsten.

Die Blasengröße macht's

Die Aufnahme von Sauerstoff ins Wasser geschieht an der Grenzfläche dieser beiden Medien. Je kleiner die Blasen sind, desto größer ist – bei gleicher Luftmenge – die Oberfläche und umso mehr Sauerstoff kann ins Wasser gelangen. Wenn Sie also statt des Ausströmers einen „Taucher" nehmen, aus dessen Helm die Luft sprudelt, ist das okay; nehmen Sie aber eine Schatztruhe, deren Deckel sich durch eine einzige große Blase öffnet und schließt, bringt uns dies für die Sauerstoffversorgung fast nichts.

So große Blasen sind nahezu nutzlos.

18

Wie die Luftquelle aussieht, ist egal, solange sie fein sprudelt.

Treibt Belüftung das Kohlendioxid aus?

Aquarianer, die an ihrem Becken eine CO_2-Anlage (s. S. 82) betreiben, sollten tatsächlich keine Ausströmer oder Diffusoren benutzen. Denn die Luft löst aus dem Wasser das CO_2 heraus und es gelingt nur schwer, befriedigende CO_2-Werte zu erreichen. Damit die Fische aber trotzdem genügend Sauerstoff erhalten, sollte ihre Zahl nicht zu hoch sein. Außerdem muss die Oberfläche etwas Bewegung haben, denn hier findet auch ein Sauerstoffeintrag statt, dabei ist das Austreiben von CO_2 minimal.

Verschieden große Ausströmersteine stehen für unterschiedliche Leistung.

19

Oxydator

Eine besondere Methode zur Verbesserung des Sauerstoffgehalts im Aquarienwasser besteht in der Verwendung eines Oxydators, in dem Wasserstoffperoxid, H_2O_2, katalytisch langsam zu Wasser und Sauerstoff zersetzt wird. Durch den dabei entstehenden Druck verlässt der Sauerstoff das Gefäß, man sieht ihn in feinen Blasen aufsteigen. Der Katalysator ist ein kleiner Keramikriegel, in großen Oxydatoren auch zwei oder mehr. Ist er nicht im Reaktionsgefäß, kann der Oxydator nicht arbeiten. Die Flüssigkeit ist verbraucht, wenn das Reaktionsgefäß leer ist oder keine Sauerstoffperlen mehr aufsteigen.

Sicherheitshinweis:

Wasserstoffperoxid ist eine ätzende Chemikalie. Verwenden Sie beim Füllen des Oxydators möglichst Schutzbrille und -handschuhe. Die höchste Konzentration von H_2O_2 liegt bei 30 %; verwenden Sie nur Lösungen, die weniger als 20 % enthalten. Diese sind weniger stark ätzend. Bei Haut- und Augenkontakt mit viel Wasser auswaschen und gegebenenfalls einen Arzt aufsuchen. Wenn der Oxydator verbraucht ist, aber noch Flüssigkeit im Reaktionsgefäß ist, schütten Sie diese niemals in das Aquarium, sondern verdünnt mit Wasser in den Ausguss.

Der Oxydator reichert das Wasser direkt mit Sauerstoff an.

20

Die Technik wird dezent in den Hintergrund gestellt.

Mit einfachen Mitteln lassen sich auch kleinere Aquarien schön gestalten.

21

Zubehör

Wichtig bei niedrigem Pumpenstandort sind Rückschlagventile.

Nur selten ist die Leistung der Membranpumpe genau so, wie wir uns das vorstellen. Deswegen können Drosseln eingesetzt werden. Man kann natürlich in den Luftschlauch auch einen Knoten machen, aber ein kleines Luftventil ist besser zu regulieren. Wer häufiger unterschiedliche Luftmengen braucht, ist mit einer regelbaren Membranpumpe allerdings besser bedient. Ansons-

ten sind die Luftventile aus Metall einfacher zu handhaben als die aus Kunststoff. Beide jedoch sind günstiger als die Klemmen, die dazu führen können, dass der Schlauch verklebt und nichts mehr durchkommt.

Zum Verzweigen gibt es Y- und T-Stücke, die zwei bzw. drei weitere Anschlüsse ermöglichen. Sie gibt es in Kunststoff ohne Ventile, aber auch aus Metall und mit Ventilen. Große Membranpumpen können Verteiler mit bis zu 16 Ventilen bedienen. Auch zum Verlängern eines Luftschlauchs gibt es Verbinder.

22

23

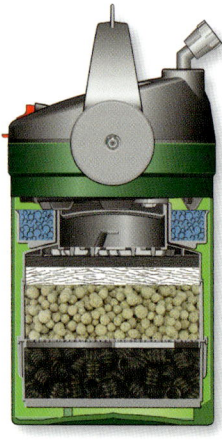

Schnitt durch einen stromsparenden Filter.

Filtern

Die Entfernung von Schmutz ist ein gewünschter Nebeneffekt beim Filtern. Tatsächlich findet im Filter einer der wichtigsten Vorgänge zur Gesunderhaltung unserer Fische statt: der Stickstoffkreislauf (s. S. 31), ausgeführt von geeigneten Bakterien. Diese befinden sich zwar auch im Aquarium, sind aber an ein Substrat gebunden. Je mehr Ober-

fläche dieses hat, desto mehr Bakterien können sich ansiedeln. Im Filter benutzen wir dafür ein spezielles Filtermaterial (s. S. 38). Man unterscheidet die Filter danach, wie und ob sie im oder am Aquarium betrieben werden. Außer den hier vorgestellten gibt es noch einige andere Filter, die aber nur selten eingesetzt werden.

So werden die Filtermedien im Innenfilter eingebaut.

Eine andere Umsetzung des luftbetriebenen Innenfilters.

24

Innenfilter

Innenfilter werden mit Saugnäpfen oder Haltern befestigt. Sie eignen sich wegen der begrenzten Möglichkeiten, ausreichend Filtermaterial einzubringen, nur für Aquarien bis etwa 200 l Inhalt. Unter etwa 100 l Beckengröße sind sie aber Standard.

Ein Aquarium ohne Filterung kann nur selten gut funktionieren.

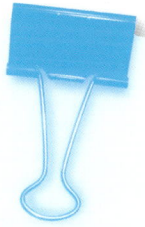

Filterart nach Besatz aussuchen

Dadurch, dass Innenfilter nur wenig Platz für Filtermaterial haben, können sich nicht so viele Bakterien ansiedeln und für gutes Wasser sorgen. Deswegen sollten nicht zu viele Fische eingesetzt werden. Eine Faustregel besagt, dass man einen Zentimeter Fisch auf einen Liter Wasser rechnet. Bei einem größeren Außenfilter dürfen es sogar zwei Zentimeter Fisch pro Liter Wasser sein. Je größer die Fische sind, desto mehr Wasser muss ihnen allerdings zur Verfügung stehen, ab 10 cm Länge sind es etwa zwei Liter pro Zentimeter Fisch (bei der zehnfachen Kantenlänge pro Zentimeter Fisch natürlich).

25

Luftbetriebene Innenfilter

In kleineren Aquarien können wir luftbetriebene Innenfilter verwenden, die alle auf dem gleichen Prinzip basieren. Unten wird Luft eingeleitet und reißt beim Aufsteigen Wasser mit sich. Die kleinsten Exemplare haben ein drei- oder viereckiges Kunststoffgehäuse, in dem der Luftschlauch direkt oder über einen Ausströmer angeschlossen wird. Filtermaterial ist hier möglichst Filterwatte (s. S. 39).

Eine etwas elegantere Lösung sind die Schwammfilter, weil sie das Filtermaterial gleich mitbringen. Es gibt sie mit einem und zwei Schwämmen, je nach Größe des Aquariums und Schmutzanfall. Da keine Fische mit angesaugt werden können und auch langsame Aquarienbewohner wie Garnelen nichts zu befürchten haben, werden sie auch gerne in Jungfischaquarien und Garnelenbecken eingesetzt.

Auch für große Aquarien geeignet sind Filtersysteme mit Filterpatronen, da die Patronen bis zu 90 cm hoch sein können und mehrere problemlos miteinander kombiniert werden können. Die Membranpumpe muss entsprechend angepasst werden. Als Filtermaterial

Einer der klassischen luftbetriebenen Filter mit Schaumstoffpatrone, besonders geeignet für kleine Aquarien und Garnelenbecken.

26

können nahezu beliebige Materialien benutzt werden.

Eine besondere Form des Innenfilters ist der Hamburger Mattenfilter. Auch er lässt sich prinzipiell an jede Aquariengröße anpassen. Grundlage ist ein PUR-Ester-Filterschaum, der meist in Blau geliefert wird. Handelsüblich sind Stärken von 2 bis 10 cm und Größen von 50 x 50 cm bis 100 x 100 cm, von fein bis grob. Inzwischen gibt es auch fertige, sofort einsetzbare Mattenfilter, die wir nur noch ins Aquarium stellen müssen.

Im Prinzip sind Matten- wie auch Rohrfilter nichts anderes als weiter entwickelte Schwammfilter, bei denen allerdings die wirksame Oberfläche massiv vergrößert wurde und die deshalb ein sauberes Wasser erzeugen können. Ihr Nachteil ist, dass sie meist gut sichtbar angebracht werden müssen. Sie dürfen nicht verkleidet werden, da sonst die Reinigungsleistung nachlässt. Die Regulierung der luftbetriebenen Innenfilter erfolgt durch die durchgeleitete Luftmenge. Allerdings lässt sich die Wassermenge, die transportiert werden kann, nicht beliebig steigern. Meist lässt sich durch Ausprobieren die ideale Betriebsmenge Luft finden.

27

Der Maximalfilter läuft ebenfalls ausschließlich luftbetrieben, selbst in großen Aquarien.

Eine besondere Form des Innenfilters ist der Bodenfilter. Er besteht aus einzelnen Platten, die zusammengesetzt werden und einen Hohlraum bilden. Nach dem Prinzip eines normalen luftbetriebenen Innenfilters wird durch einen oder zwei Luftheber das Wasser durch den Bodengrund gesogen. Dieser dient dann quasi als biologischer Filter. Damit der Bodenfilter gut funktioniert, darf zum einen das Filtermaterial nicht zu klein sein (etwa Kies 3/6 mm; bei zu grobem Material wird der Grobschmutz wieder eingespült), aber auch der Schmutzanfall darf nicht zu groß sein, sonst setzen sich der Bodengrund oder der Filter zu. So ist es ein wirksamer und preiswerter Filter für schwach besetzte Aquarien.

Der Hamburger Mattenfilter verbindet Belüftung und Filterung.

28

Elektrische Innenfilter

Für Aquarien bis etwa 300 Liter Inhalt, in denen nicht zu viele Fische schwimmen (ein Zentimeter Fisch auf einen Liter Wasser), haben sich elektrisch betriebene Innenfilter gut bewährt. Sie haben einen höheren Durchsatz als die luftbetriebenen Filter, bis zu 1200 l/h. Die Filter bestehen fast immer aus einer Kreiselpumpe, die wasserdicht versiegelt ist und mittels Magnetwirkung ein Flügelrad betreibt, das das Wasser durch die Pumpe bewegt. Besonders die etwas leistungsstärkeren Innenfilter sind auch regelbar und können der Aquariengröße angepasst werden. Lässt die Leistung nach, liegt es entweder am Schwamm (mit warmem Wasser gründlich auswaschen) oder am Flügelrad, das sich mit Bakterienschleim überziehen kann. Fast alle Innenfilter ermöglichen aber die problemlose Reinigung des Flügelrads.

Gut lassen sich viele Innenfilter in Ecken anbringen.

Innenfilter tragen auch zur Belüftung bei.

Das „Herz" einer Pumpe: der Magnetrotor.

Pumpenleistung und Aquarieninhalt

Die Nennleistung eines Filters kann tatsächlich nur erreicht werden, wenn kein Filtermaterial vorhanden ist. Ein Aquarium sollte mindestens einmal, besser zweimal pro Stunde komplett umgewälzt werden. Deswegen sollte die Nennleistung eines Filters mindestens den zweifachen Aquarieninhalt betragen.

29

Der einzige Dauertest, der rechtzeitig Ammoniakalarm gibt.

Der Stickstoffkreislauf

Unsere Fische geben einen guten Teil ihrer Verdauungsendprodukte über die Kiemen ab, hauptsächlich Ammonium (NH_4^+). Ammonium ist relativ ungefährlich, bei einem pH-Wert knapp unter und vor allem über 7 entsteht daraus aber das giftige Ammoniak (NH_3), umso mehr, je höher der pH-Wert ist. Nitroso-Bakterien bauen das Ammonium in einem gut funktionierenden Aquarium zu Nitrit (NO_2^-) ab. Aus diesem wiederum entsteht die sehr giftige Salpetrige Säure (HNO_2), und zwar umso mehr, je niedriger der pH-Wert ist. Erst in einem dritten Schritt entsteht durch die Arbeit von Nitro-Bakterien das relativ ungiftige Nitrat (NO_3^-), das von Pflanzen aufgenommen und beim Wasserwechsel teilweise beseitigt wird. Die Anzeichen einer Ammoniakvergiftung sind genau die gleichen wie bei einer Vergiftung durch Salpetrige

Säure, die Fische schwimmen sehr unruhig und schießen durch das Wasser, dann hängen sie unter der Wasseroberfläche und schnappen nach Luft, obwohl ausreichend Sauerstoff im Wasser ist.

Die am Stickstoffkreislauf beteiligten Bakterien brauchen alle viel Sauerstoff. Deswegen muss das Filtermaterial auch immer gut durchspült werden und darf nicht länger ohne Sauerstoff bleiben. Geschieht das jedoch, etwa bei Stromausfall, sterben die Bakterien ab und der Filter muss erst neu besiedelt werden. Das geht bei den Nitroso-Bakterien recht schnell, bei den Nitro-Bakterien dauert es aber länger. Deswegen darf in den ersten drei Wochen nach Aquarieneinrichtung, und wenn unser Filter einmal länger ausgefallen ist, nur vorsichtig gefüttert werden. In einem „eingefahrenen", also richtig funktionierenden Aquarium lassen sich mit den üblichen Tests weder Ammonium/Ammoniak noch Nitrit nachweisen, für Salpetrige Säure gibt es keinen Test. Unterstützend, bei Neueinrichtung und Not-

30

fällen, wirken die im Fachhandel erhältlichen Bakterienkulturen (Starter-
bakterien). Besonders wirksam sind
die gekühlt angebotenen Bakterien,
die sofort arbeiten und in den Filter
oder direkt ins Aquarienwasser gegeben werden. Man kann einen Fil-

ter auch mit frischem Filtermaterial
aus einem funktionierenden Aquarium „impfen". Auch nach einem Fil-
terausfall eines eingefahrenen Be-
ckens siedeln sich die Bakterien
durch Bestände, die noch im Aquarium leben, schneller wieder an.

Der Stickstoff-
kreislauf – er läuft
vor allem im Filter
ab.

Der Stickstoffkreislauf

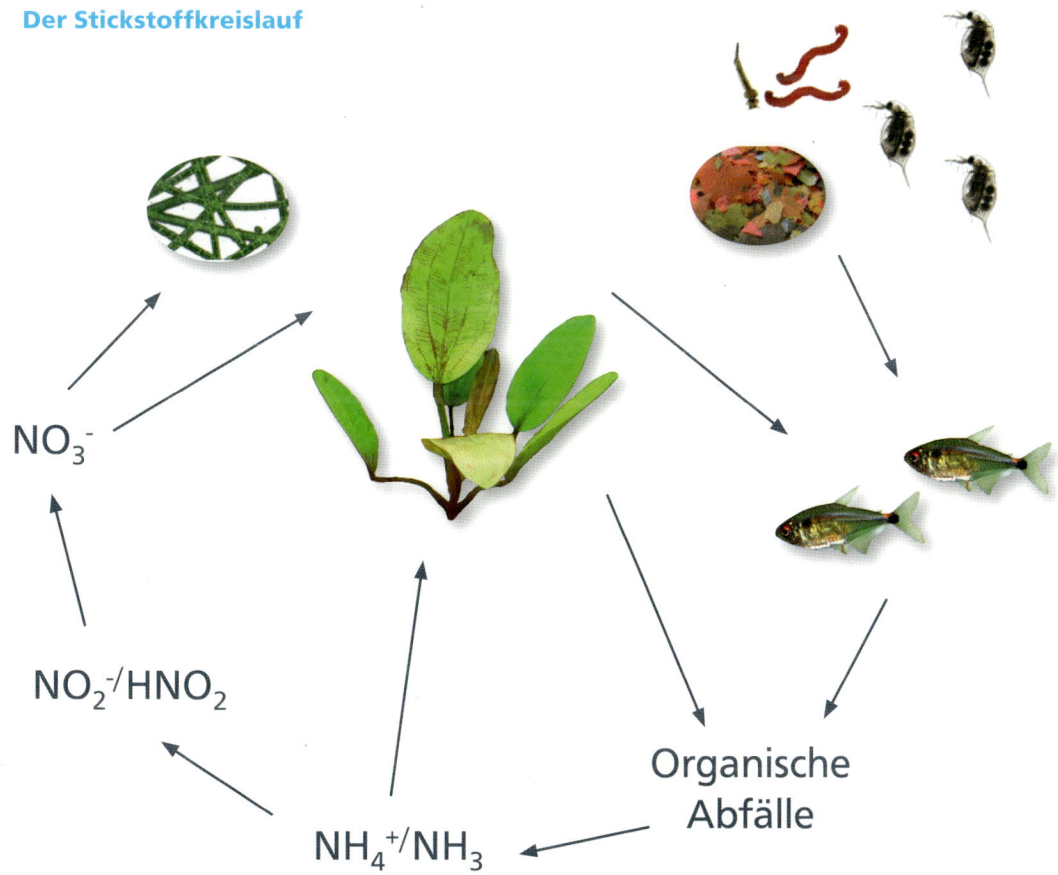

NO_3^-

NO_2^-/HNO_2

NH_4^+/NH_3

Organische
Abfälle

31

Rückwandfilter

Der Rückwandfilter kombiniert eine dekorative Rückwand mit einem Innenfilter. Geeignete Rückwände werden für Aquarien von etwa 60 bis 220 cm Breite angeboten, wobei allerdings durch modularen Aufbau auch größere Rückwandbauten möglich sind. Während „normale" Rückwände eher dazu dienen, einen angenehmeren Einblick ins Aquarium zu geben (und in den Stillwasserzonen dahinter manchmal sogar Fäulnisher-

de entstehen können), haben Filter hinter der Rückwand eine doppelte Funktion. Da sie auf ganzer Breite einen Filter, oft einen Biofilter, aufnehmen können, haben sie eine ausgezeichnete Filterleistung. Allerdings nimmt die Rückwand mit Filter dann auch entsprechend viel Platz weg. So sind diese Rückwände besonders für tiefe Aquarien geeignet. Bei kleinen Aquarien sind 40 cm Tiefe das Minimum, bei großen 50, besser 60 cm und mehr.

Das Filtersystem ist hier komplett in die Rückwand verbaut.

32

Außenfilter

Außenfilter haben in der Regel den Vorteil, dass in ihnen viel mehr Filtermaterial eingebracht werden kann und so die biologische Reinigung effektiver ist als beim Innenfilter.

Der klassische Außenfilter, wie er seit Jahrzehnten üblich ist.

Energieeffizienz

In Zeiten, in denen die Energiekosten steigen, ist die Energieeffizienz eines Filters von großer Bedeutung. Eine scheinbar günstige Anschaffung kann sich im Laufe der Jahre als teuer erweisen. Ein Filter für ein 300 l-Aquarium mit einer Leistungsaufnahme von 8 W (Strompreis 0,22 €/kWh) kostet pro Jahr 15,42 €, ein Filter mit gleicher Leistung, der aber 18 W Leistung hat, kostet schon 34,69 € – fast 20 € Differenz in nur einem Betriebsjahr.

Rucksackfilter

Für Aquarien bis knapp 300 l geeignet sind Rucksackfilter, auch als außenhängende Mehrkammerfilter bezeichnet. Sie werden einfach außen an die Rückwand oder die Seite des Aquariums gehängt. Sie haben den Vorteil, dass die Filterkammer sehr leicht zugänglich ist. So können schnell unterschiedliche Filtermedien (s. S. 38) eingebracht werden.

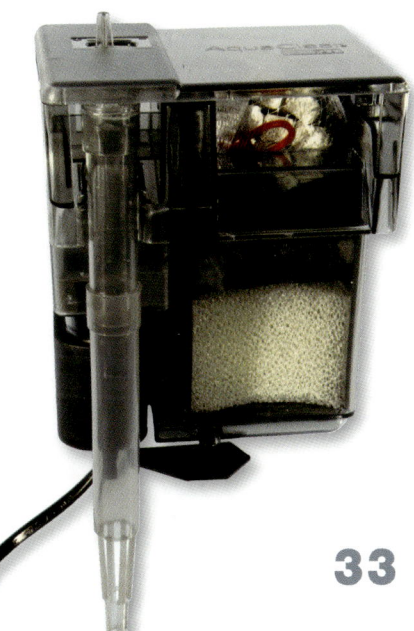

Rucksackfilter lassen sich gut an kleineren Aquarien anbringen.

33

Schnitt durch einen
effektiven Außenfilter.

Topffilter

Der wichtigste Filtertyp für Aquarien ab 60 l ist der Topffilter. Das Prinzip ist an sich das gleiche wie beim Innenfilter. Die Achse des Flügelrads sollte möglichst aus Keramik sein, dann ist die Haltbarkeit besser und die Laufruhe höher. Ein wesentliches Kriterium für die tatsächliche Leistungsfähigkeit ist die maximale Förderhöhe. Eine Pumpe, die eine maximale Förderhöhe unter 1,2 Metern hat, sollte neben das Aquarium gestellt werden. Aber auch bei einer höheren maximalen Förderhöhe, handelsüblich sind bis zu knapp zwei Meter, sollte der Filter direkt neben oder unter dem Aquarium stehen.

Die tatsächliche Durchflussmenge hängt neben der Förderhöhe von Leitungen und Filtermaterial ab. Die Leitungen sollten möglichst kurz und direkt sein. Knicke reduzieren die Leistung erheblich. Ein guter Außenfilter lässt sich regulieren. So kann man einen etwas größeren Filter als den eigentlich minimal möglichen kaufen und, wenn die Leistung doch zu hoch ist, etwas herunterregulieren.

Vor dem Wasserwechsel den pH-Wert messen!

Wenn Sie in einem Gebiet wohnen, das sehr weiches Leitungswasser mit einer Karbonathärte unter 7 °dKH hat (Auskunft darüber erteilt das örtliche Wasserwerk), sollten Sie vor einem Wasserwechsel den pH-Wert messen, um eine Ammoniakvergiftung zu vermeiden.

34

Auslaufschutz

Mit einem sehr heißen Nagel (dafür braucht man nur eine Zange, einen Nagel und ein Feuerzeug – halten Sie den Nagel nie mit der Hand, er wird sehr heiß) bohren Sie knapp unterhalb der Wasserlinie ein etwa 1,5-2 mm großes Loch in den Schlauch zum Filter. Sinkt der Wasserstand bis zu diesem Niveau ab, saugt der Schlauch Luft an. Das hält den Schaden in Grenzen.

Ein wichtiger Grund für den verringerten Durchfluss ist das Filtermaterial (s. S. 38). Dieses ist der wichtigste Träger für unsere nützlichen Bakterien, die den Stickstoffkreislauf (s. S. 31) bewirken. Natürlich kann das Filtermaterial nur vernünftig arbeiten, wenn noch ausreichend Wasser durchfließt. Kommt

im Aquarium deutlich weniger an als bei einem frischen System, ist es Zeit für eine Reinigung. Je größer der Topf ist, desto mehr Filtermaterial können wir unterbringen und umso besser ist auch die Reinigungsleistung im Stickstoffkreislauf. Gleichzeitig verschmutzt ein größerer Topf langsamer. Je höher die Standzeit – also die Zeit zwischen zwei kompletten Reinigungen –, desto besser läuft unser System. Kaufen Sie den Filter deswegen im Zweifelsfall eine Nummer größer.

Selbst gut gefilterte Aquarien vertragen in der Regel nicht mehr als einen Zentimeter Fisch pro halbem Liter Wasser (Deko und Bodengrund abziehen), bei großen Fischen ab etwa zehn Zentimern auch deutlich weniger.

Vorfilter

Wenn Sie einen starken Schmutzanfall haben und den Filter eigentlich alle sechs bis acht Wochen reinigen müssten, sollten Sie einen Vorfilter benutzen. Dieser wird vor dem Ansaugstutzen in den Bodengrund gesetzt und kann z. B. durch einen enthaltenen Plastikkorb schnell und problemlos geleert werden.

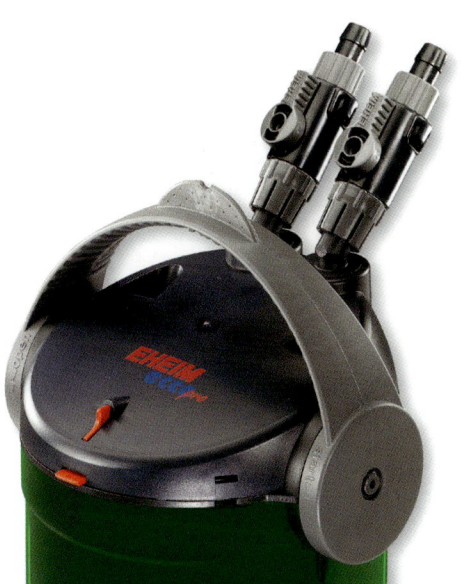

Besonders stromsparende Filter liegen im Trend.

35

Der Thermofilter heizt das Wasser außerhalb des Aquariums auf.

Thermen

Als Thermen oder Thermofilter werden Topffilter bezeichnet (es gibt auch selten Thermo-Innenfilter), die eine eingebaute Heizung haben. Der Vorteil der Thermofilter ist die gleichmäßige Erwärmung des Wassers. Thermofilter sollten etwa gut ein halbes Watt maximale Heizleistung je Liter Aquarienwasser haben.

Strom sparen

Bei einem Thermofilter reicht es, den Topf von außen mit Polystyrol (Styropor®, Styrodur®) zu umhüllen. Achten Sie darauf, dass die Pumpe nicht umhüllt wird, sie könnte sonst überhitzen. Das schadet der Lebensdauer.

36

Bio- und Rieselfilter

Die Bio- und Rieselfilter gehörten vor einigen Jahren noch zu den zukunftsweisenden Systemen, nehmen aber sehr viel Platz ein. Sie können im oder unter dem Aquarium installiert werden. Die Filterkammer besteht meist aus Glas, das so unterteilt ist, dass das Wasser den größt-möglichen Weg zurücklegt. Auch hier wird das Filtermaterial von grob nach fein eingetragen. Beim Rieselfilter wird das feinporigste, als am besten wirkende Filtermaterial von oben möglichst gleichmäßig berieselt; von unten wird gleichzeitig Luft eingeblasen.

Blockfilter zur Wasserreinigung.

Blockfilter

Zur Feinreinigung von Wasser, auch zum Herausfiltern von Trübungen und sogar Keimen, werden auch Blockfilter angeboten. Je nach Bestückung können sie gezielt für Aquarien mit Fischen oder auch Gar-nelen eingesetzt werden. Sie werden zwischen Aquarium und normalem Filter eingeschaltet. Da sie einen gewissen Betriebsdruck benötigen, ist unter Umständen ein etwas leistungsstärkerer Filter notwendig.

37

Filtermaterial

Das Filtermaterial soll mindestens zwei Zwecke erfüllen. Zuerst kommt natürlich die mechanische Filterung. Viel wichtiger ist die biologische Funktion. Auf dem Filtermaterial siedeln sich Bakterien für den Stickstoffkreislauf an. Je größer die Materialoberfläche ist, desto mehr Bakterien können sich ansiedeln. Eine dritte Funktion, die nur spezielle Materialien erfüllen, ist die der chemischen Reinigung, wenn schädliche Stoffe durch harmlosere ersetzt werden.

Physikalisch wirksame Materialien

Zum Zurückhalten des Grobschmutzes sind besonders gröbere Filterwatte und grober Filterschaum geeignet. Um auch den Feinschmutz nicht in den biologischen Teil fließen zu lassen, folgt eine zweite Schicht mit feinerer Filterwatte oder kleinporigerem Filterschaum. Diese Schicht darf aber nicht zu dick sein, da sonst die Filterleistung zu stark behindert wird.

Biologisch wirksame Materialien

Auf allen Filtermaterialien siedeln sich Bakterien an, die die schädlichen Stickstoffverbindungen in Nitrat umwandeln. Für diesen Vorgang wird viel Sauerstoff gebraucht. Deswegen braucht ein besonders gut wirksames Filtermaterial eine große Oberfläche und muss gut durchspült werden. Hier bestehen teilweise deutliche Unterschiede. Im Folgenden werden die wichtigsten Filtermaterialien vorgestellt. Alle Filtermedien müssen wasserneutral und verrottungsfest sein.

Filterwatte waschen

Wenn Sie die Filterwatte vor dem ersten Einsatz auswaschen und mehrmals ausdrücken, können Sie sie viel einfacher handhaben. Außerdem gelangen so beim ersten Einsatz nicht die kleinen, in der Watte eingefangenen Luftblasen ins Aquarium.

38

Filtermaterial Nr. 1 ist immer noch Filterwatte.

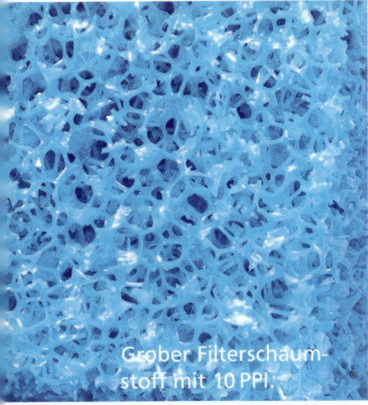

Grober Filterschaumstoff mit 10 PPI.

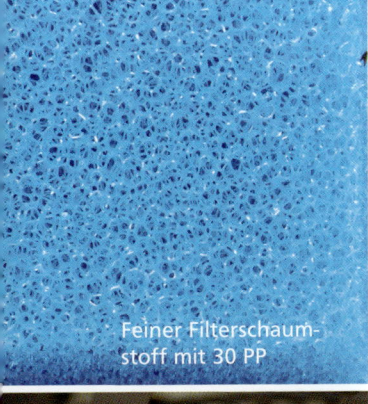

Feiner Filterschaumstoff mit 30 PP

Filterwatte besteht in der Regel aus Polyesterfasern. Es werden meist zwei Varianten angeboten, grob und fein. Die grobe Filterwatte ist besonders gut für die Erstreinigung geeignet, während die feine Filterwatte das biologisch wirksamere Material schützt und als Abschluss verhindert, dass Filtermaterial in den Filterraum gelangt und das Flügelrad blockiert.

Filterschaumstoff kann als Filtermaterial oder, wie im Hamburger Mattenfilter, als Filter dienen. Aber auch kleine Würfel daraus (Material ist immer PUR) sind flexibel und haben eine große Oberfläche. In Innenfiltern findet man den Schaumstoff überwiegend als Patrone. In Topffiltern stellt er meist eine oder mehrere Lagen, auch im Bio- und Rieselfilter kann er gut eingesetzt werden.

Filterschaumstoff wird für viele Filter passend angeboten.

39

Filterröhrchen gibt es auch aus Plastik.

Poröse Keramik und geschäumtes Glas werden meist in Röhrchen-

form angeboten. So lassen sie sich leichter reinigen. Geschäumtes Glas hat dabei eine sehr große Oberfläche und ist ein besonders wirksames Filtermaterial.

Biobälle und ähnliche Kunststoffkörper stammen aus der professionellen Abwasserklärtechnik. Sie zeichnen sich durch mittlere bis große Oberflächen aus. Besonders Kaldnes-Körper haben eine ausgezeichnete Reinigungswirkung, dies kann durch eine Belüftung noch verstärkt werden.

Filtermaterial wiederverwenden

Stark verschmutzte Filterwatte wird weggeworfen, ansonsten kann alles Filtermaterial (Ausnahme Aktivkohle) wiederverwendet werden. Dazu wird das Material unter lauwarmem Wasser (20-25 °C) ausgewaschen, Schaumstoff dabei auch immer wieder ausgedrückt. So kann die Neubesiedlung schnell wieder stattfinden. Bei Temperaturen über 45 °C sterben die Bakterien ab.

40

Biobälle gibt es in verschiedenen Ausführungen.

Chemisch wirksame Materialien

Alle chemisch wirksamen Materialien sind auch biologisch wirksam, weil sich auf ihrer Oberfläche auch Bakterien ansiedeln.

Zeolith wirkt als Ionenaustauscher (s. S. 79) und tauscht die unerwünschten Nitrate und Phosphate gegen harmlose Stoffe aus. Nach etwa sechs Wochen ist er erschöpft und muss ersetzt oder besser regeneriert werden. Dazu gibt es im Handel Regeneriersalz.

Besonders gute Reinigungsleistung bieten Kaldnes-Körper.

Hochwirksames gesintertes Glas im Filtermedienbeutel.

41

Kohle sollte vor allem zur Farb- und Medikamentenentfernung eingesetzt werden.

Aktivkohle wirkt ebenfalls nur etwa sechs Wochen. Durch ihre poröse Oberfläche adsorbiert Aktivkohle zahlreiche Stoffe, etwa Farbstoffe, Medikamente, in gewissem Rahmen auch Schwermetalle und Anderes. Deswegen sollte Aktivkohle nur bei Bedarf eingesetzt werden.

Torf reichert das Wasser nicht nur mit organischen Säuren an und färbt es auch leicht, sondern enthärtet es auch gleichzeitig. Deswegen sollte nicht zu viel Torf im Filter verwendet werden, um unerwünschte pH-Wert-Stürze zu verhindern. Nach einigen Wochen ist der Torf ausgelaugt; dann muss er aus dem Filter heraus, um das Wasser nicht zusätzlich zu belasten.

Nitrat-, Ammonium- und Phosphatadsorber arbeiten meist ebenfalls auf Ionenaustauscherbasis. Sie müssen nach einer gewissen Zeit erneuert oder regeneriert werden. Das gilt auch für **Silikatentferner**, die Kieselsäure binden; sie können bei starkem Befall mit Kieselalgen durch hohen Kieselsäuregehalt im Trinkwasser eingesetzt werden.

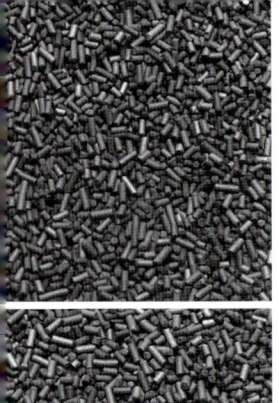

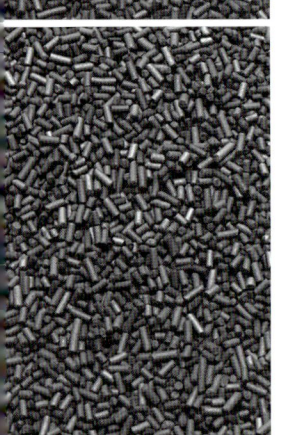

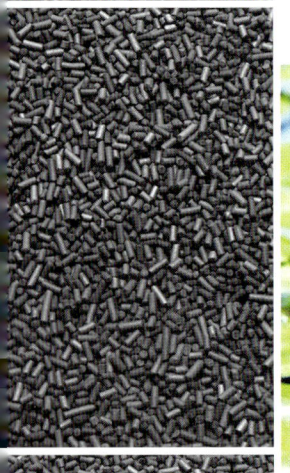

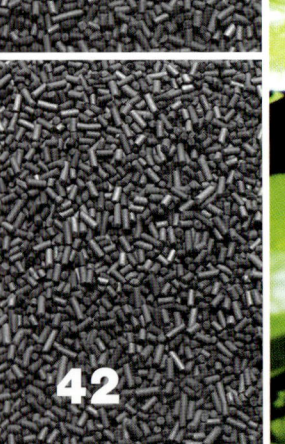

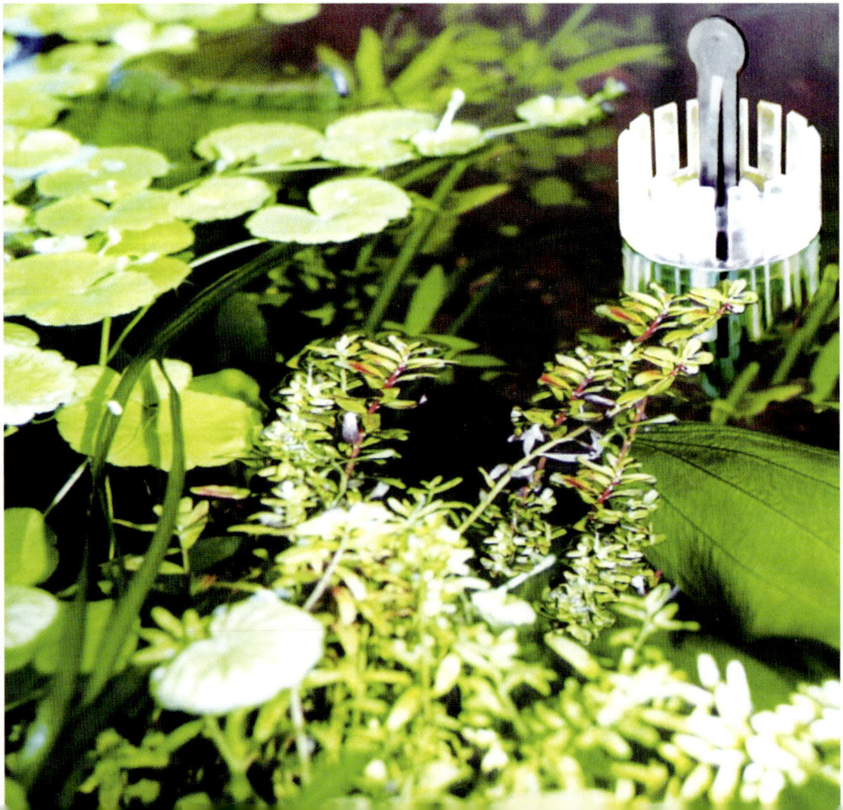

Oberflächenabsaugung

Neuere Untersuchungen haben ergeben, dass durch das Absaugen der Oberfläche sogar Bakterien reduziert werden und die Fische weniger Krankheiten bekommen. An den wenig bewegten Stellen der Oberfläche bildet sich im Aquarium eine sogenannte Kahmhaut. Diese besteht aus Staub, aber auch aus Bakterien, nützlichen wie auch ungesunden. Die Kahmhaut behindert den Gasaustausch an der Wasseroberfläche. Dadurch kann es zu Sauerstoffmangel kommen. Deswegen werden einfache Absauger verwendet, die die Oberfläche sicher absaugen. Achten Sie darauf, dass der Absauger eine Niveauregulierung hat, sich also selbstständig einem etwas schwankenden Wasserstand anpassen kann. Wenn Sie den Ausströmer des Filters so einstellen, dass er gegen die Frontscheibe gerichtet ist und eine möglichst optimale Durchströmung des Aquariums gewährleistet und gleichzeitig den Oberflächenabsauger in der Nähe des Ausströmers anbringen,

haben Sie eine bestmögliche Wirkung und Sauerstoffversorgung.

Skimmer: Oberflächenabsauger werden auch als Skimmer bezeichnet. In der Aquaristik hat sich allerdings diese Bezeichnung fälschlich für den Eiweißabschäumer eingebürgert, der korrekt als Proteinskimmer zu bezeichnen wäre.

Filtermaterial trennen

Die einzelnen Filtermaterialien sollten gegeneinander getrennt in den Filter kommen. Moderne Topffilter haben ebenso wie größere Innenfilter getrennte Bereiche, in denen z. B. Filterkörbe stehen. Das erleichtert die Reinigung ungemein. Watte und Filterschaum lassen sich immer separieren, aber für alle anderen Materialien, die nicht getrennt untergebracht werden können, gibt es Filtermedienbeutel. Diese lassen sich sehr leicht entnehmen und können auch schnell – etwa bei den chemischen Filtermaterialien – wieder herausgenommen werden. Sie sollten in allen Filtern eingesetzt werden, die keine getrennten Filterkammern oder -töpfe haben.

Oberflächenabsaugung hat viele Vorteile.

Elektrische Sicherheit

Unser normaler Steckdosenstrom hat eine Spannung von etwa 230 V bei einer Frequenz von 50 Hz und einem Nennstrom bis 16 A. Das Berühren einer offenen Stromleitung ist keinesfalls nur schmerzhaft, sondern lebensgefährlich. Daher sind beim Umgang mit stromführenden Geräten die folgenden Sicherheitshinweise unbedingt zu beachten.

1. Netzstecker ziehen

Bei allen Arbeiten an Geräten ist vorher der Netzstecker zu ziehen. Kann der Stecker versehentlich von einer anderen Person eingesteckt werden, muss er gekennzeichnet werden.

2. Bei Netzarbeiten: Sicherung raus

Bei allen Netzarbeiten wie Direktanschlüssen muss die Sicherung ausgeschaltet und gekennzeichnet werden, damit sie nicht versehentlich eingeschaltet wird.

3. FI-Schutzschalter verwenden

Fehlerstrom-(kurz FI-)Schutzschalter 30 mA (gelegentlich auch als Personenschutz-Adapter oder -Schalter bezeichnet) schalten elektrische

Leitungen bei einer Stromdifferenz von 30 Milliampere (mA) ab. Der für den Menschen gefährliche Bereich beginnt bei etwa 50 mA. Für die Aquaristik gibt es auch spezielle Steckdosen mit integriertem FI-Schutzschalter. Etwa halbjährlich sollte die Funktion des FI-Schutzschalters über den darauf befindlichen Testschalter getestet werden.

4. Unter Strom stehende Personen nicht berühren!

Wenn es doch einmal passiert: Beim Berühren einer elektrischen Leitung kann man daran regelrecht hängenbleiben. Fassen Sie die unter Strom stehende Person nicht an, sondern trennen Sie sie vom Netz (Stecker ziehen, mit Holz oder dickem Zeitungspapier Stromleitungen entfernen).

5. Anschlussleitungen nicht reparieren

Wenn eine Anschlussleitung eines Geräts defekt ist, z.B. durchgescheuert, muss das komplette Gerät ersetzt werden. Anschlussleitungen, die mit Wasser in Kontakt stehen, dürfen nicht repariert werden.

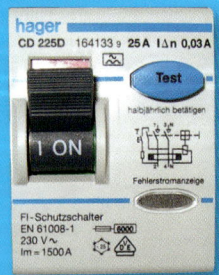

44

45

Mulmabsauger

Ein ebenso nützliches Zubehör ist ein Mulmabsauger, auch als Bodenreiniger, Bodengrundreiniger, Aquarienstaubsauger oder Kiesreiniger bezeichnet. Dieser besteht aus einer Zuleitung und der sich deutlich erweiternden Mulmglocke.

Diese bewirkt, dass der Bodengrund zwar gereinigt, aber nicht eingesaugt wird und im Außenbereich der Glocke wieder zurückfällt. Integrierte Ansaugventile erübrigen das Ansaugen.

Die Einzelteile eines Oberflächenabsauger-Sets.

Der Bodengrund soll etwa 1 cm tief abgesaugt werden.

46

Wasserwechselhilfen

Im Handel sind Hilfsmittel zum Wasserwechsel erhältlich, die vor allem das Ansaugen überflüssig machen. Mit Hilfe einer Wasserstrahlpumpe erzeugen sie einen Sog, der das Ansaugen überflüssig und damit die Reinigung des Aquariums leichter macht.

Eine Wasserstrahlpumpe erlaubt den Wasserwechsel ohne Ansaugen.

Nicht zu tief reinigen

Der Bodengrund ist eine eigene kleine Lebewelt. An der Oberfläche sind die Verhältnisse aerob (sauerstoffhaltig), im Untergrund anaerob (nahezu sauerstofffrei). Dort entstehen Pflanzennährstoffe, unter Umständen aber auch Fischgifte. Deswegen sollten immer nur die oberen 1 bis 1,5 cm beim Mulmabsaugen gereinigt werden.

Wasseralarm verwenden

Relativ preiswert werden Wasserwarner angeboten, die einen durchdringenden Ton von sich geben, wenn sie nass werden. Wenn Sie beim Wasserwechsel wieder Wasser einlaufen lassen, ist es sinnvoll, den Wasseralarm an der gewünschten Stelle anzubringen.

Die Bodenreinigung kann man gut mit dem Wasserwechsel verbinden.

47

Kreisel- oder Strömungspumpen

Obwohl sie häufig auch eine Schaumstoffpatrone haben, sind Kreisel- oder Strömungspumpen keine Filter. Die Patrone sorgt dafür, dass keine Fremdstoffe in die Pumpe eingesaugt werden. So hat sie auch eine gewisse Funktion als mechanischer und biologischer Filter. Gelegentlich wird die Kreiselpumpe auch als Schnellfilter bezeichnet. Tatsächlich kann sie Trübungen aus Aquarien oder stärkeren Mulmanfall schneller beseitigen als ein normaler Filter. Allerdings muss das Filtermedium dann auch entsprechend häufig gereinigt werden.

Die Leistung einer Kreiselpumpe liegt über der eines Filters. So haben schon die kleinsten Pumpen eine Leistung von mindestens 400 l/h, bei einer Leistungsaufnahme von gerade einmal 4 W. Nach oben hin sind kaum Grenzen gesetzt, es gibt Kreiselpumpen, die mehr als 10.000 l/h bewegen.

Die Schaumstoffpatrone ist überwiegend Schutz vor Beschädigungen des Magnetrotors.

Eine leichte Strömung gefällt auch vielen ostafrikanischen Buntbarschen.

48

Wann brauche ich eine Kreiselpumpe

Kreiselpumpen werden benötigt, um Strömungen im Aquarium zu erzeugen. Mehr Fische als wir denken haben eine Vorliebe für stark strömendes und damit auch meist sauerstoffreiches Wasser. Beobachten Sie das Aquarium und ihre Fische. Wenn Sie sehen, dass sich die Fische sehr häufig im Auslauf des Filters tummeln (aber schließen Sie bitte Sauerstoffmangel vorher aus), kann es sinnvoll sein, sie mit einer Strömungspumpe in eine bessere Kondition zu bringen.

Rotstrich-Torpedobarben lieben eine kräftige Strömung.

Kreiselpumpen außerhalb des Aquariums betreiben

Zum Betrieb eines größeren Bio-, Riesel- oder Mehrkammerfilters sind ebenfalls Kreiselpumpen geeignet. Dann aber wird wichtig, welche Förderhöhe die Kreiselpumpe schafft. Wenn eine Kreiselpumpe eine Förderhöhe von 0,6 m und eine Leistung von 400 l/h hat, dann bedeutet das, dass bei 0,6 m gar nichts mehr gefördert wird und dass darunter die Förderleistung gleichmäßig abnimmt. Ob aber schon bei 0,3 m wenig oder noch ausreichend Wasser ankommt, zeigt uns die Kennlinie der Pumpe. Diese ist leider nicht immer angegeben.

Auch Hamburger Mattenfilter lassen sich mit einer Kreiselpumpe betreiben.

49

Garantie und Gewährleistung

In der Europäischen Union haben alle Käufer von Neugeräten eine gesetzliche Garantie von einem halben Jahr und eine Gewährleistungsfrist von zwei Jahren. Kommt es innerhalb dieser Garantiezeit zu einem Schaden (Verbrauchs- oder typisches Verschleißmaterial sind natürlich ausgenommen), geht der Gesetzgeber davon aus, dass er von Anfang an bestand. Diese Garantie können Sie beim Händler in Anspruch nehmen. Er wählt – gegebenenfalls in Absprache mit dem Hersteller –, ob er die defekte Ware repariert, Ihnen einen Preisnachlass gewährt wird (Minderung, falls das Gerät auch

mit Defekt noch verwendbar ist) oder er Ihnen ein Neues gibt (Wandelung, eventuell mit Ausgleich für die Zeit, die das defekte Gerät bei Ihnen in Verwendung war, allerdings ist hier die Rechtsprechung noch nicht einheitlich). Fehlverwendungen schließen natürlich die Inanspruchnahme der Garantie aus. Mehr als drei Reparaturversuche brauchen Sie übrigens nicht zu akzeptieren. Einige Zoofachhändler bieten für die Dauer der Reparatur auch Ersatzgeräte an, besonders für Stammkunden.

Nach dem halben Jahr tritt die gesetzliche Gewährleistung ein. In dieser Zeit müssen Sie beweisen,

50

Kaufbeleg aufheben

Grundsätzlich brauchen Sie den Kaufbeleg nicht aufzuheben, wenn Sie den Erwerb auch anders (Lastschrift-, Kreditkartenbeleg) nachweisen können. Trotzdem ist es natürlich sicherer. Senden Sie den Originalbeleg mit ein oder geben ihn ab, sollten Sie unbedingt eine Kopie behalten.

dass das Gerät seit Beginn defekt war. Das wird Ihnen oft nicht leicht fallen. Sie können das Gerät – auf Ihre Kosten – direkt beim Hersteller einschicken oder über den Händler einreichen. Verlangen Sie auf jeden Fall einen Kostenvoranschlag, falls die Gewährleistung nicht infrage kommt. Selbst bei berechtigten Reklamationen können Kosten für Versand auftreten, bei unberechtigten müssen Sie fast sicher damit rechnen. Deshalb ist es oft besser, mit dem Händler zu verhandeln, wie man das Problem lösen kann.

Zahlreiche Hersteller bieten eine verlängerte Garantie von zwei, drei oder manchmal sogar fünf Jahren an. Hier garantiert der Hersteller – nicht der Händler – die Funktionsfähigkeit über diesen Zeitraum, auch

wenn der Händler die Garantie abwickeln kann (er darf aber auf den Hersteller verweisen). Achten Sie darauf, dass der Hersteller seinen Sitz oder eine Niederlassung in Deutschland hat, weil alleine der Versand in andere Länder schon sehr teuer sein kann. Auch hier sind natürlich Verbrauchs- und Verschleißteile ausgeschlossen.

Bei einer verlängerten Garantie lohnt es sich meist, die beiliegende Garantiekarte abstempeln zu lassen und, wenn vorgesehen, unter Angabe der Seriennummer an den Hersteller zu schicken. Dann läuft es im Problemfall wesentlich einfacher ab.

Heizen und Kühlen

Die Mehrzahl unserer Fische ist tropischer oder subtropischer Herkunft. Während es in den Subtropen kurzzeitig auch mal kühl werden kann, kennen unsere tropischen Fische fast nur nahezu konstante, höhere Temperaturen. Wenn auch kleine Schwankungen jahreszeitlich bedingt vorkommen, sind die täglichen Schwankungen meist größer als die jährlichen, vor allem bei stehenden Gewässern. Trotzdem haben alle unsere Fische einen Bereich, in dem sie sich besonders wohlfühlen. Diese Wohlfühltemperatur entspricht dem, was in den Aquarienbüchern als Temperaturbereich angegeben ist. Selbst bei Fischen, die eine niedrige Wohlfühltemperatur haben und viele Monate ohne Heizung gehalten werden können, sollte eine Heizung angebracht sein, die eine Mindesttemperatur gewährleistet.

Grundsätzlich werden drei verschiedene Typen von Heizungen unterschieden. Am weitesten verbreitet ist der Stabheizer. Auf den Aquarienboden gelegt wird die Bodenheizung. Eine Beheizung ist auch über Thermofilter (s. S. 36) oder Durchlaufheizer möglich.

Elektronische Regler sorgen sogar für eine Nachtabsenkung.

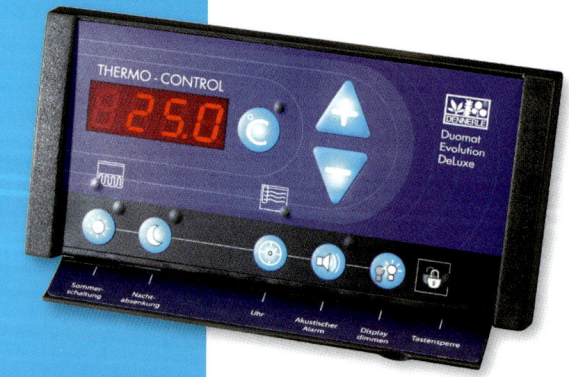

52

Stabheizer sind immer noch die am weitesten verbreiteten Aquarienheizer.

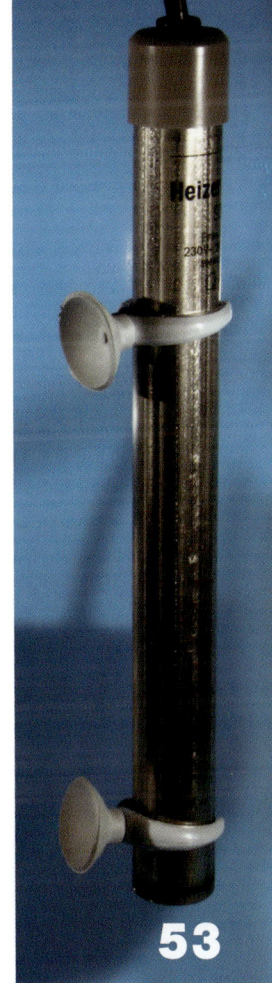

Stabheizer

Der Stabheizer ist fast immer ein Bimetallregler. Technisch bedingt kann so die Temperatur nur auf etwa 1 °C genau eingestellt werden. Wer es genauer haben will, kann zusätzlich einen elektronischen Temperaturregler verwenden, der zwischen Steckdose und Heizeranschluss zwischengeschaltet wird. Dieser regelt die Temperatur nicht nur genauer, sondern gibt – je nach Modell – bei zu niedriger oder zu hoher Temperatur Alarm. Wichtig ist, dass der Heizstab sauber gehalten wird, denn Kalkablagerungen verringern die Heizleistung. Jeder Stabheizer sollte wasserdicht und süß- sowie seewasserfest sein – letzteres verhindert auch eine schleichende Korrosion im Süßwasser.

Relativ neu sind Heizer, die eine Kunststoffhülle haben. Sie sind dadurch deutlich bruchsicherer als Glasheizer. Auch elektronische Heizstäbe werden inzwischen angeboten, die ohne Bimetallkontakt eine präzisere Temperatureinstellung ermöglichen. Bei ihnen ist die Gefahr einer Überleitung besonders gering.

Dieser Heizstab wird mit einer präzisen Steuerung betrieben.

53

Elektronische Heizer sind im Betrieb etwas sicherer.

Schläuche

Oft wird der Wärmeverlust über die Schläuche vom und zum Filter unterschätzt. Isolieren Sie daher ihre Schläuche mit Isolierschalen zur Rohrisolierung, die es in verschiedenen Stärken gibt. Sie werden am besten noch in der Verpackung zurechtgeschnitten.

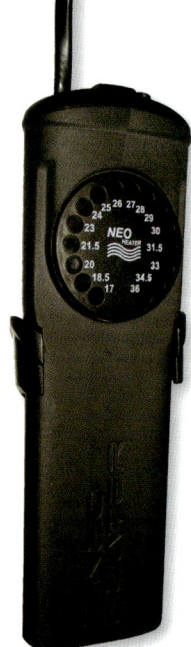

Ein bruchfester elektronischer Heizer.

LCD-Thermometer werden einfach auf die Scheibe geklebt.

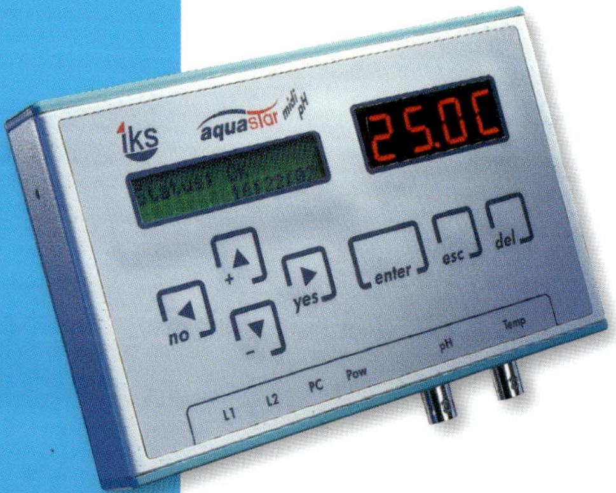

54

Ein Messcomputer zur Steuerung verschiedener Wasserwerte.

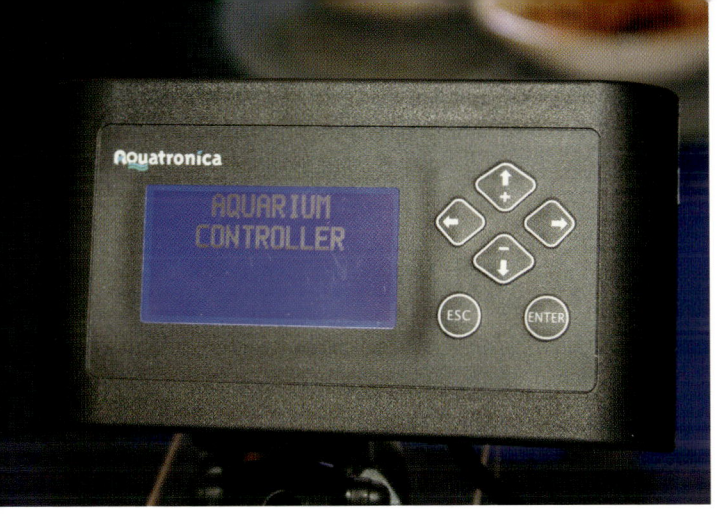

Diese Aquariencontroller können auch ohne Computer programmiert werden.

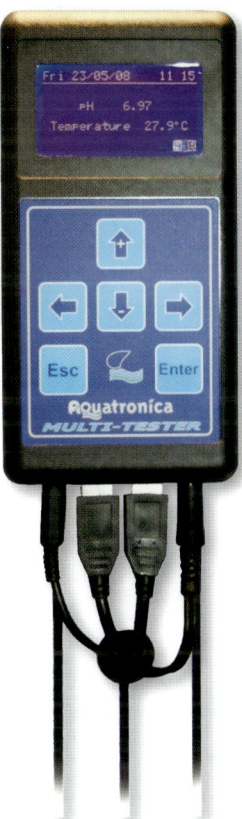

Bodenheizung

Eine Bodenheizung ist am schwierigsten zu verwenden, wird aber von Pflanzenfreunden gerne eingesetzt. Wichtig ist, dass die Heizleitung sehr gleichmäßig verlegt und sorgfältig mit mittlerem Kies (mindestens 4/6 mm) abgedeckt wird, der aber nur wenige Zentimeter hoch sein darf. Unter dem Aquarium sollte eine dicke Styroporplatte für Isolation sorgen. Das angewärmte Wasser steigt nach oben, kühleres strömt nach. So siedeln sich im Bodengrund auch die für den Stickstoffkreislauf wichtigen Bakterien an.

Bodenheizungen sind pflanzenfreundlich und sparsam im Verbrauch.

Durchlaufheizer

Durchlaufheizer arbeiten wie Thermofilter, sind aber nicht im Filter, sondern werden mit Kupplungen in den Schlauch eingesetzt. Hier gilt für die Isolierung das Gleiche wie für den Thermofilter.

Die einfachste Steuerung ist immer noch die Zeitschaltuhr.

Nachtabsenkung

Bei Heizungen lässt sich mit modernen Steuergeräten eine Nachtabsenkung vorgeben. In vielen Gewässern sinkt bekanntlich die Temperatur nachts mehr oder weniger stark ab und eine Nachtabsenkung um etwa 2 °C wirkt sich positiv auf die meisten Fische aus. Außerdem spart man auch noch Geld.

Geld sparen

Ein zu kleiner Heizer ist oft eine schlechte Geldanlage. Denn eine Heizung, die ständig läuft, kostet mehr als eine, die sich nur ab und zu ein- und auch schnell wieder abschaltet. Eine deutlich zu groß dimensionierte Heizung macht aber auch keinen Sinn.

56

Thermometer, ein unverzichtbares Zubehör

Die beste Heizung nützt nichts, wenn die Temperaturmessung nicht funktioniert. Flüssigkeitsthermometer sollten so angebracht werden, dass sie gut ablesbar sind. LCD-Thermometer werden außen auf die Aquarienscheibe geklebt. Beide Thermometertypen messen nicht genauer als 1-2 °C. Digitale Thermometer, die auch direkt im Aquarium angebracht werden können, sind genauer.

Glasthermometer sind einfach abzulesen, aber oft nicht sehr genau.

Genau und einfach abzulesen: Digitalthermometer.

57

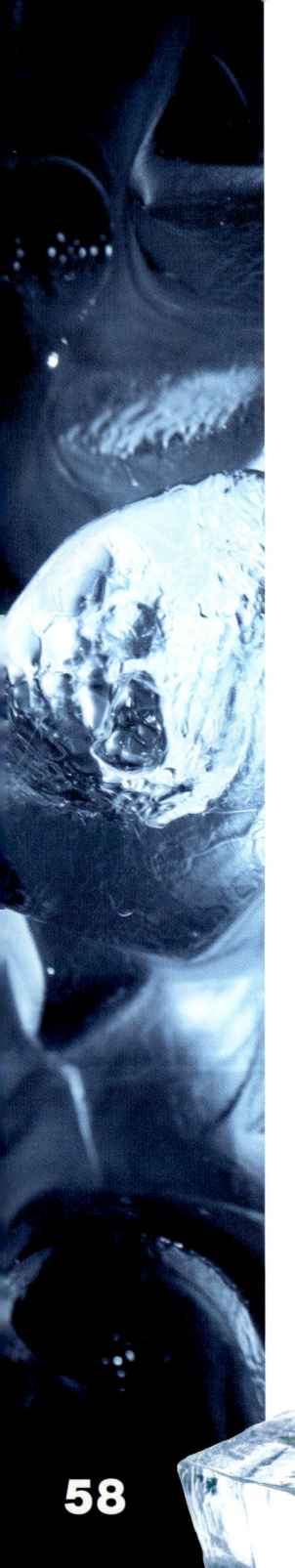

Heizleistung

In einem beheizten Raum kann eine kleinere Heizung ausreichen. Will man jedoch auf Nummer Sicher gehen, sollte sie so dimensioniert sein, dass sie auch bei Heizungsausfall das Aquarium sicher auf die benötigte Temperatur bringen kann.

Bei einem Heizstab rechnet man daher 1 Watt pro Liter. Ein Thermofilter braucht maximal nur etwa 0,6 Watt pro Liter zu liefern. Am sparsamsten ist die Bodenheizung. Der Strombedarf beträgt gerade einmal 0,1 bis 0,3 Watt pro Liter. Ein Mehrverbrauch von 20 Watt kostet etwa 40 € pro Jahr. Deswegen muss der Heizung besondere Aufmerksamkeit gewidmet werden, damit sie nicht zum kostenträchtigen Ärgernis wird.

Kühlen

An heißen Sommertagen sind Temperaturspitzen von über 30 °C nicht selten. Das aber wird von vielen Fischarten nicht toleriert. Es kommt zu Sauerstoffknappheit. Neben der Fütterung am Morgen, wenn es noch kühl ist, kann es notwendig sein, das Aquarium zu kühlen. Ganz besonders gilt das für Fische, die aus den gemäßigten Breiten kommen und gegen Temperaturen über etwa 25 °C bereits empfindlich sind. In diesen Fällen kann sich die Anschaffung eines Kühlers rentieren.

Kühler bringen und regeln das Aquarienwasser auf eine vorher definierte Temperatur. Betrieben werden sie wie ein Außenfilter in einem äußeren Wasserkreislauf. Bei den Kühlgeräten werden die Leistungsaufnahme und die Kühlleistung unterschieden. Die Kühlleistung erreicht bei kleinen Geräten kaum einen höheren Wert als den der Leistungsaufnahme, bei großen jedoch auch ein Mehrfaches davon. Diese Kühler haben einen erhebli-

58

Kühlen mit Eis

Um Temperaturspitzen zu reduzieren, reicht es auch, größere Eiswürfel ins Aquarium zu geben. Seien Sie vorsichtig und beobachten Sie erst einmal, wie weit die Temperatur nach Eiszugabe sinkt. Ist es zu viel, können Sie es einfach schnell wieder herausnehmen, ohne Folgen für die Fische. Auch bei einem sommerlichen Gewitter kühlt die Wassertemperatur schnell um einige Grad ab, um sich dann auch wieder aufzuwärmen. Die Temperaturänderungen sollten aber nicht mehr als 3 °C/h betragen.

chen Stromverbrauch und müssen überlegt eingesetzt werden. Die Leistungsaufnahme reicht, je nach vorgesehener Aquariengröße, von etwa 150 bis 1500 W/h.

Um nur die absoluten Spitzen zu reduzieren, gibt es eine einfachere Lösung. Dabei wird ein Ventilator (etwa für Computer) so angebracht, dass er knapp über der Wasseroberfläche bläst. Die Kühlleistung kann bis zu mehrere Grad betragen.

In seltenen Fällen ist auch eine Kühlung nötig.

59

Messen, Steuern, Regeln

Das vollautomatische Aquarium ist noch nicht erfunden worden. Trotzdem gibt es Techniktrends, die in diese Richtung gehen und uns ermöglichen, zahlreiche Parameter des Aquariums vollautomatisch zu regeln. Die wichtigsten Parameter im Süßwasser sind:

pH-Wert
Leitfähigkeit
Redoxpotenzial
Licht
Niveausteuerung

Wir haben die Regeleinheit und die Messsonde. Über einen zusätzlichen Anschluss werden Dosierpumpen angeschlossen. Wir geben einen Sollwert vor, der vom Gerät durch Nachdosierung gehalten wird. Ist der Messwert außerhalb des Sollbereichs, wird ein Alarm ausgelöst. Meist ist die Dosiereinheit dann leer.

Ein Aquarium mit Mess- und Steuereinrichtung empfiehlt sich für empfindliche Arten.

60

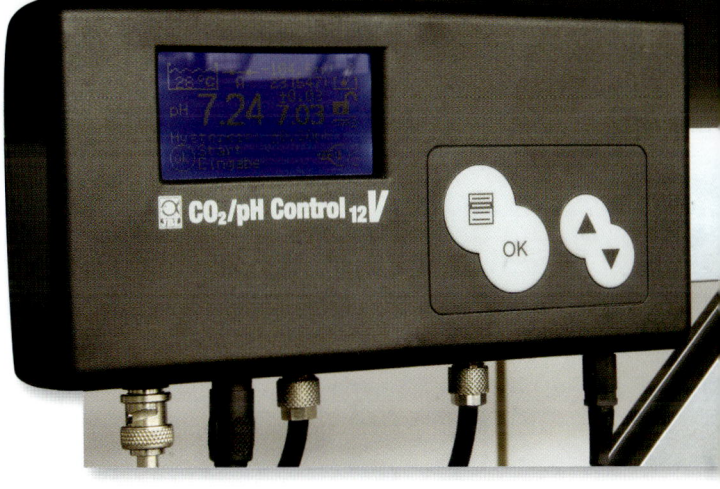

pH-Wert

Am weitesten verbreitet ist die pH-Wert-Regelung. Viele unserer tropischen Süßwasserfische stammen aus weichem und leicht saurem Wasser. Um diese Werte im Aquarium annähernd einzustellen, ist die Zufuhr von CO_2 eine elegante Methode. Sie funktioniert jedoch nur, wenn die Karbonathärte relativ klein ist. Um eine möglichst gute Regelwirkung mit gleichzeitig optimaler CO_2-Versorgung zu erreichen, sollte sie unter 2 °dKH (Grad deutscher Karbonathärte) liegen. Dann können wir mit den für die Pflanzenversorgung optimalen 10 bis 15 mg CO_2/l sowie mäßigem CO_2-Verbrauch einen pH-Wert um 6,5 einregeln lassen.

Eine der wichtigsten Controller steuert den pH-Wert durch CO_2-Zugabe.

Karbonathärte und pH-Wert

Die Karbonathärte ist ein Maß für den Gehalt an Hydrogencarbonat und puffert den pH-Wert. Je kleiner er ist, desto geringer ist die Pufferkapazität und desto eher haben wir einen Säuresturz zu befürchten. Fehlt CO_2, kann es durch Pflanzen, die Hydrogencarbonat aufnehmen können, zu einem starken Absinken der Karbonathärte und damit des pH-Werts kommen. Dafür sind alle Geräte mit einem Alarm ausgestattet.

61

Leitfähigkeit

Die Leitfähigkeit ist ein Maß für die im Aquarienwasser gelösten Salze, Säuren und Laugen. Im Süßwasseraquarium sollte sie zwischen 100 µS (Mikrosiemens; sehr weiches Wasser) und 1500 µS (sehr hartes Wasser) liegen. Da uns die Leitfähigkeit aber nicht zeigt, welche Salze vorhanden sind, kann es trotz höherer Leitfähigkeit zu einem Hydrogencarbonatmangel und damit Säuresturz kommen. Deswegen sollten Leitfähigkeitsregelgeräte immer mit einem pH-Wert-Controller kombiniert werden. Die Dosierpumpe führt dann weiches Wasser (s. S. 80) zu.

Redoxpotenzial

Das Redoxpotenzial ist ein Maß für die Fähigkeit des Wassers, organische Inhaltsstoffe zu oxidieren. Es wird in mV, Millivolt, gemessen und kann Werte zwischen -400 mV (sehr stark verschmutzt) sowie +500 mV (sehr sauberes, sauerstoffreiches Wasser) einnehmen. Niedrigere Werte als -400 mV sind nur in speziellen Filtern (Nitratreduktor, anaerobe Bedingungen) möglich, höhere als +500 mV praktisch nur im Meerwasserbereich. Die Dosierpumpe wird an eine Ozonisierungseinrichtung angeschlossen, die für verbesserte Sauerstoffversorgung sorgt. Regler für das Redoxpotenzial werden im Süßwasser nur selten eingesetzt.

Für viele Steuergeräte ist ein Computer notwendig.

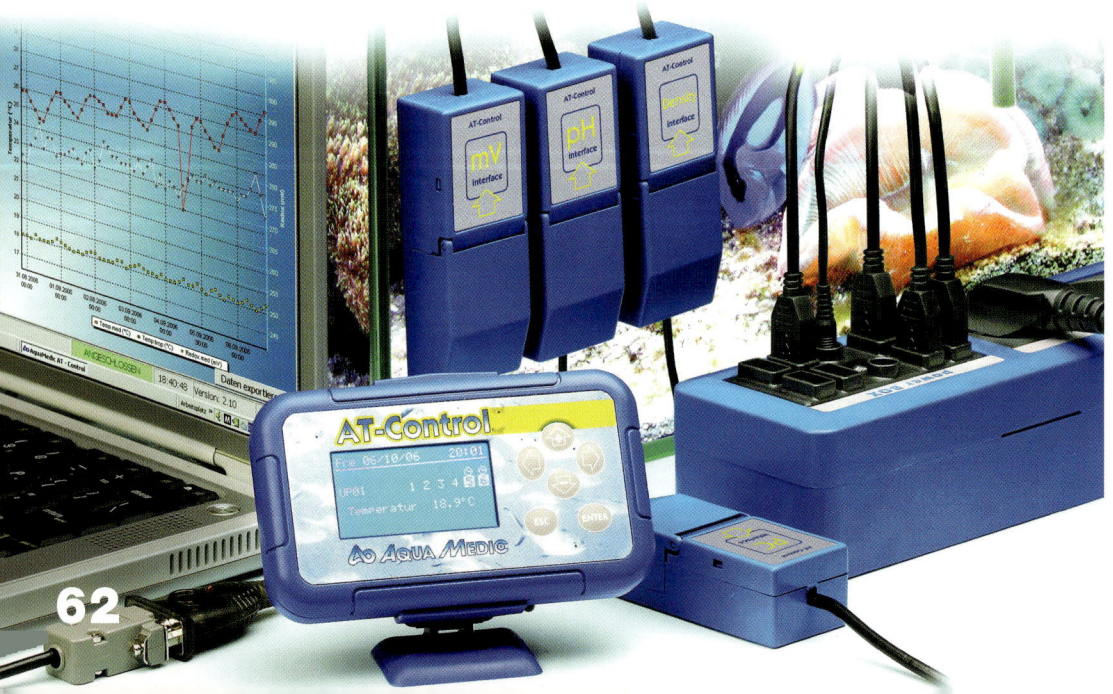

62

Licht

Bei einer elektronischen Steuerung der Lampen können wir eine Dämmerung simulieren und so die Übergänge morgens und abends etwas abmildern. Die Fische haben mehr Zeit, sich auf Tag und Nacht einzustellen.

Niveau

Eine Niveauregulierung ist nur an offen betriebenen Aquarien notwendig, die eine starke Verdunstung zeigen. In allen anderen Aquarien kann das wenige fehlende Wasser beim regulären Wasserwechsel aufgefüllt werden. Der Niveauregler muss an eine Dosierpumpe mit möglichst weichem Wasser angeschlossen werden.

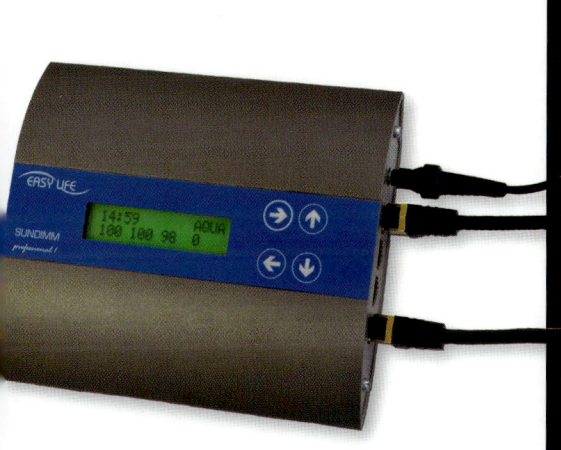

Auch Sonnenauf- und -untergänge lassen sich simulieren.

63

Beleuchtung

Viele Fische kommen in Gewässern vor, die sehr dunkel sind. Entweder liegen sie im Regenwald oder es handelt sich um Schwarz- oder Weißwasser, in die das Licht nur wenige Zentimeter eindringt. Tatsächlich gibt es dort Wasserpflanzen auch nur an der Oberfläche oder mit Schwimmblättern. Im eher übersichtlichen und kleineren Aquarium nehmen die Pflanzen aber Schadstoffe und Stoffwechselprodukte auf und helfen uns, das Wasser fischfreundlich zu halten. Und Pflanzen brauchen Licht zur Fotosynthese.

Kein schönes Aquarium ohne eine ausreichende Beleuchtung.

Welche ist richtig?

Die Frage lässt sich nicht einfach beantworten. Wir müssen Lichtfarbe und Lichtmenge unterscheiden. Standard sind immer noch Leuchtstoffröhren. Gerade für kleinere Aquarien haben sich die Kompaktleuchtstofflampen („Energiesparlampen") bewährt. Eine besonders hohe Lichtdichte erzeugen Höchstdrucklampen. Die Zukunft dagegen scheint der Leuchtstoffdiode (LED) zu gehören.

Lichtfarbe

Die Lichtfarbe wird in Kelvin (K) gemessen. Eine Glühbirne mit ihrem als warm empfundenen Licht hat eine Farbtemperatur von etwa 2500 K, Tageslicht bei Sonnenschein circa 6500 K. Bekanntlich setzt sich unser sichtbares Licht aus den Farben des Regenbogens zusammen. Während Landpflanzen besonders auf rotes Licht reagieren, lässt dieses im Aquarium eher die roten Farben der Fische kräftiger leuchten. Blaues Licht dagegen fördert das Algenwachstum. Ideal sind Vollspektrumlampen von

5500 bis 6500 K, die das gesamte Spektrum abdecken. Sie werden oft auch als Tageslichtlampen bezeichnet (Aufschrift oft d oder dw, auch hw).

Besonders rote Pflanzen brauchen fast immer eine starke Beleuchtung.

65

Starter oder Elektronik?

Eine Leuchtstofflampe muss einen Impuls bekommen, um gestartet zu werden. Dazu dient bei den preiswerteren Systemen ein Vorschaltgerät mit einem Starter. Modernere Abdeckungen verfügen über elektronische Vorschaltgeräte. Diese lassen es sogar zu, dass man Leuchtstofflampen dimmt, für einen weichen Übergang am Morgen und Abend.

Leuchtstofflampen – die Nummer 1

Die Leuchtstofflampe – „Neonröhre" – ist die am häufigsten gebrauchte Aquarienleuchte. Spezielle Leuchtstofflampen können sogar Mondlicht imitieren, sie senden ein sehr schwaches, schwärzlichblaues Licht aus. Solche Lampen sind ideal für die Beobachtung von dämmerungs- und nachtaktiven Fischen geeignet.

Verschiedene Leuchtstofflampen: von vorne T8, T5 und Energiesparlampen.

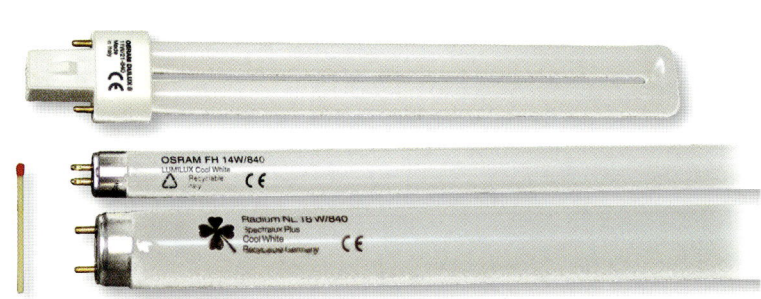

Beleuchtungsdauer

Die meisten Aquarienpflanzen stammen aus den Tropen oder Subtropen. Dort sind sie einen Tag gewöhnt, der etwa zwölf Stunden dauert. Tag und Nacht sind durch eine sehr kurze Dämmerung getrennt. Mit einer Zeitschaltuhr stellen wir die von uns gewünschte Beleuchtungsdauer ein.

Lichtfarbe erkennen

Die Lichtfarbe befindet sich auf der Verpackung oder, meist codiert, auf der Lampe. Maßgebend sind die letzten beiden Ziffern, die mit 100 multipliziert werden. Code 830 hat demnach eine Farbtemperatur von 3000 K und wird als Warmweiß bezeichnet. Für Lampen zwischen 3500 und 5000 K hat sich die Bezeichnung Weiß oder Neutralweiß eingebürgert, während Code 865 für eine Tageslichtlampe mit 6500 K steht. Eine Kombination aus neutralweißer und tageslichtähnlicher Lampe ist oft am wirkungsvollsten.

Mit LED-Leuchten lassen sich besonders platzsparende Beleuchtungen bauen.

67

T8 gegen T5

Lampenfarben kombinieren

Wenn Sie eine Abdeckung mit mehr als einer Röhre haben, können Sie darin gut zwei verschiedene Leuchtstofflampen kombinieren. Eine sollte immer kaltweiß sein, damit die Pflanzen gut wachsen. Eine weitere kann dann etwa die roten Fischfarben verstärken, z.B. eine Grolux. Eine dritte in Warmweiß würde dann die Betrachtung angenehmer, das Aquarium „sympathischer" aussehen lassen.

Die Bezeichnungen T8 (8/8 Zoll, knapp 2,6 cm) und T5 (5/8 Zoll, knapp 1,6 cm) beziehen sich auf den Durchmesser der Röhren. Wegen der unterschiedlichen Länge und anderen Sockeln können diese Lampen nicht einfach gegeneinander ausgetauscht werden. Die T5-Lampe hat aber gegenüber den T8-Lampen eine höhere Lichtdichte. Deswegen ist sie besonders gut für höhere Aquarien und für solche geeignet, die mit lichthungrigen Pflanzen bestückt sind. Dafür ist sie etwas teurer als die T8-Röhre. In modernen Abdeckungen für größere Aquarien werden überwiegend T5-Röhren verwendet.

Bei Leuchtstofflampen lassen sich gut Farben kombinieren.

68

Mittagspause

Sie wollen morgens und abends etwas von Ihrem Aquarium haben? Gönnen Sie ihm eine Mittagspause. Zu lange Beleuchtung führt zu Algenwuchs (und kostet unnötig Energie). Die meisten Pflanzen gewöhnen sich aber daran, wenn die Beleuchtung mittags für zwei Stunden ausgeschaltet ist.

Auch für Nanoaquarien gibt es passende Leuchten.

Kompaktleuchtstofflampen

Diese Leuchtmittel (mit den üblichen Fassungen und Sockeln für die Aquaristik) werden als „Energiesparlampen" angeboten. Der elektronische Starter ist meist eingebaut. Sie gibt es ebenfalls in verschiedenen Lichtfarben bis zum Tageslicht. Durch ihre kompakte Bauweise werden sie meist in kleinen Aquarien eingesetzt. Da sie auch relativ wenig Strom verbrauchen, sind sie dort gut geeignet. Bei größeren Aquarien stellt sich das Problem der gleichmäßigen Lichtverteilung.

69

Lebensdauer

In der Literatur finden sich immer noch Ratschläge, dass man seine Leuchtstofflampen jedes Jahr, spätestens aber alle anderthalb Jahre auswechseln müsse, da die Leuchtkraft dann rapide nachlassen würde. Das ist bei modernen „Neonröhren" nicht mehr der Fall. Bei einer angegebenen Lebensdauer etwa von 20.000 Stunden sind davon 16.000 (T5) bis 20.000 (T8) als Nutzlebensdauer anzusehen, also vier bis fünf Jahre. Allerdings kann die Nutzlebensdauer verkürzt sein, wenn die Lampe oft geschaltet wird, dagegen verlängert sie sich, wenn elektronische Starter benutzt werden.

Vorsicht beim Lampenwechsel

Der Lampenwechsel ist ein kritischer Moment für die Pflanzen. Diese können sich stark an ein Lichtspektrum gewöhnen. Deswegen sollte ein Ersatz immer mit einer Lampe gleicher Farbtemperatur erfolgen. Bei zwei oder mehr eingesetzten Lampen kann auch ein vorsichtiger Austausch der Farbtemperaturwerte erfolgen, indem man die Lampen einzeln, mit längeren Abständen, wechselt.

70

Wie viel Licht braucht meine Pflanze?

Darauf eine einfache Antwort zu geben, ist leider kaum möglich. Denn es sind zu viele Faktoren, die eine Rolle spielen, etwa:

- Aquarienhöhe
- Färbung des Aquarienwassers (z.B. durch eine Wurzel, aber auch durch die Ausscheidungen der Fische)
- Lichtanspruch der gepflegten Pflanzen
- Düngemitteleinsatz – Licht kann hier der limitierende Faktor sein
- Reflektion, nicht nur an der Lampe selbst, sondern auch am Boden
- Schwimm- oder großblättrige Pflanzen

Ein Aquarium (100 x 40 x 40 cm) mit nur einer Leuchtstofflampe ist zu gering beleuchtet. Zwei T8-Lampen reichen oft aus, damit viele Pflanzen gut wachsen. Bei einem etwas höheren Meterbecken (100 x 50 x 50 cm) sind aber selbst drei T8-Lampen zu wenig, um Pflanzen am Boden noch gut zu beleuchten, während zwei T5-Lampen ausreichend sein können.

Rote Pflanzen – lichthungrig?

Tatsächlich ist es so, dass bei vielen Pflanzen die Rotfärbung nachlässt, wenn man sie in „normal" beleuchteten Aquarien pflegt. Für viele Pflanzenfreunde ist das ein Ärgernis, liegt aber in der Natur der Pflanze. Denn die Rotfärbung ist fast immer eine Schutzreaktion der Pflanze, die dabei das Chlorophyll im Blatt reduziert und den Stoffwechsel auf ein Normalmaß herunterfährt. Wenn Sie solche Pflanzen pflegen wollen, dann brauchen Sie viel Licht.

71

HQI-Strahler können einzeln über dem Aquarium aufgehängt werden.

Vorsicht heiß!

Beachten Sie beim Verwenden von HQI-Lampen unbedingt die Sicherheitshinweise! Die Lampe kann Temperaturen bis etwa 500 °C erreichen. Durch die notwendige Verwendung von Quarzglas (allerdings kommt immer mehr transparentes Keramikglas zum Einsatz) sind UV-Filter nötig. Oft schreiben die Hersteller vor, dass die Röhren nur in geschlossenen Systemen betrieben werden dürfen. Und fassen Sie HQI-Lampen nie mit bloßen Fingern an, da der hauchdünne Fettfilm die Lampe bei Erhitzen bereits zerstören kann.

HQI – Licht genug!

Eine Revolution in der Beleuchtung stellten die Quecksilberhochdrucklampen (kurz HQL) dar. Sie waren auf ein blaues Spektrum ausgelegt, das aber im Süßwasser besonders das Algenwachstum fördert. Deswegen sind HQL-Lampen hier ungeeignet. Dagegen haben die Halogenhochdrucklampen (HQI) ein tageslichtähnliches Spektrum mit verringertem Blau- und erhöhtem Rotanteil, mit einer Farbtemperatur von etwa 5600 K. Durch ihre höhere Lichtdichte schaffen sie es, auch tiefere Aquarien auszuleuchten. Trotz des relativ hohen Verbrauchs – 70 bis zu 400 W/h pro Lampe sind normal – haben Sie mit knapp 40 % eine Lichtausbeute, die sonst nur von LEDs (s. S. 72) erreicht wird. Gleiches gilt für die Lebensdauer, die bei Verwendung eines elektronischen Vorschaltgeräts bis zu 30.000 Stunden beträgt. HQI-Leuchten altern etwas, dabei verschiebt sich das Spektrum in den grünen Bereich.

Entsorgung

Leuchtstofflampen, egal ob „Neonröhren" oder „Energiesparlampen", und Höchstdrucklampen dürfen nicht über den normalen Hausmüll entsorgt werden. Sie enthalten geringe Mengen Quecksilber, manchmal auch andere Schwermetalle. Alle Kommunen haben entsprechende Sammelstellen, bei denen gebrauchte oder defekte Leuchtmittel kostenlos abgegeben werden können.

HQI-Strahler sind in vielen formschönen Gehäusen erhältlich.

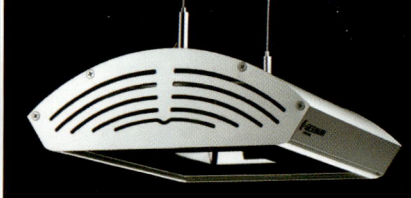

72

LED-Leuchten sind die Beleuchtungsart der Zukunft.

Mit LED kann man
Mondlicht simulieren.

LED

LED steht für „Licht emittierende Diode". Das Besondere der LED ist der geringe Stromverbrauch. Sind Energiesparlampen schon deutlich günstiger als Glühlampen, werden sie von den LEDs noch in den Schatten gestellt.

Zukünftig werden Hochleistungs-LEDs verwendet. Sie haben eine deutlich höhere Spannungsaufnahme und leuchten daher viel heller. Manche müssen gekühlt werden, was mit Aluminiumkühlkörpern und Lüftern erreicht wird. Durch die Verwendung wärmeableitender Materialien in den Hochleistungs-LEDs ist es inzwischen gelungen, ihre Lebensdauer auf mindestens 25.-50.000 Stunden zu erhöhen.

Die modernen LEDs geben ihr Licht gerichtet ab, während Kaltlichtleuchten erst einmal in alle Richtungen abstrahlen und durch Reflektoren verbessert werden müssen.

LEDs als Nachtlicht

Eine Einsatzmöglichkeit ist die eines Nachtlichts. Spezialisierte Hersteller bieten wasserdichte, rohrartige Leuchten an, die mit einigen blauen LEDs bestückt sind. Sie können über, neben oder im Wasser betrieben werden und ermöglichen auf einfache Art, nachtaktive Fische wie Welse zu beobachten.

Wie andere Leuchtmittel auch, altern LEDs und verlieren einen Teil ihrer Leuchtkraft. So wird man Hochleistungs-LEDs irgendwann austauschen müssen. Die derzeit leistungsfähigsten Hochleistungs-LEDs, wie sie etwa Osram (Golden Dragon) oder Luxeon (Triple Rebel) anbieten, haben bei 700 mA Strom (die Grenze liegt bei 1000 mA) nach 50.000 Stunden Betrieb immer noch 70 % Leuchtkraft.

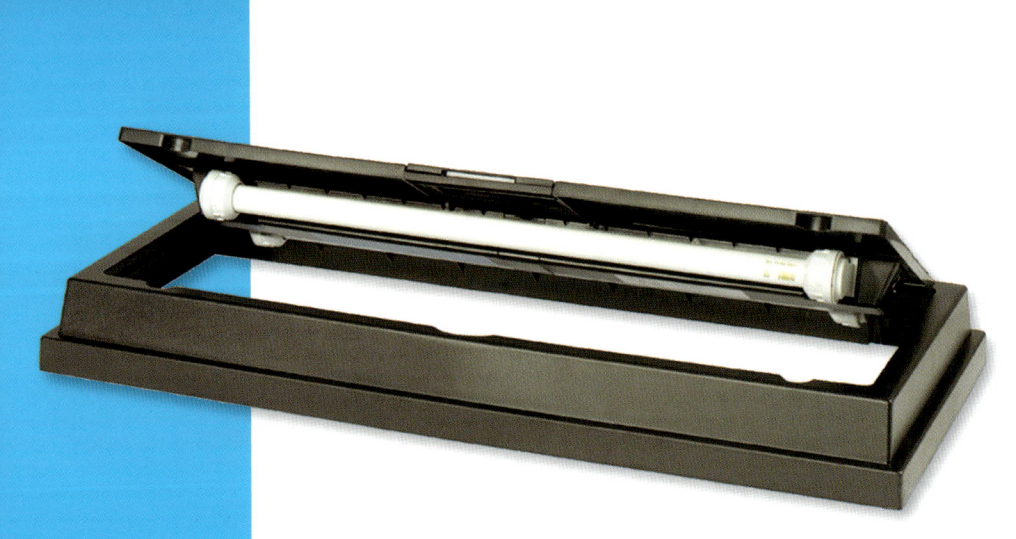

Abdeckungen

Um das Licht über das Aquarium zu bringen, müssen wir eine Fassung haben. Besonders bei den HQI-Lampen sowie LEDs haben wir viele frei aufgehängte Lampen (keinesfalls nur am Kabel aufhängen!), die auch den Betrieb eines „offenen" Aquariums (Deckscheiben können trotzdem verwendet werden) ermöglichen. In den meisten Fällen ist die Beleuchtung jedoch in die Abdeckung integriert. Diese wird meist mit dem Aquarium gekauft, oft passend zum Unterschrank. Darin befinden sich Reflektoren, die die Lichtausbeute erhöhen.

Weiß reflektierende Flächen haben zwar einen Anfangsnachteil gegenüber metallischen, diese werden aber mit der Zeit etwas blind. Sie müssen also geputzt werden, um ihre Abstrahlkraft zu behalten.

Die handelsüblichen Abdeckungen sollten das TÜV-GS-Zeichen tragen. Ein CE-Zeichen wird vom Hersteller obligatorisch angebracht und gibt keine Garantie, dass die elektrische Sicherheit wirklich überprüft wurde.

Achten Sie darauf, dass die Abdeckung stabil über dem Aquarium befestigt ist. Einige Abdeckungen werden auf die Scheiben aufgesetzt und haben einen relativ schmalen Halt. Sie dürfen nicht versehentlich heruntergerissen werden. Die Lampeninstallationen sind spritzwassergeschützt, aber nicht wasserdicht.

Abdeckungen müssen Öffnungen oder Klappen enthalten, die problemlos das Füttern der Fische erlauben. Einige haben bereits Löcher, an denen Fischfutterautomaten (s. S. 93) aufgesetzt werden können. Auch Löcher für Zuleitungen (Schläuche, Heizerkabel etc.) müssen vorhanden sein. Die Abdeckung sollte relativ leicht abnehm- oder aufklappbar sein, damit die Unterseite regelmäßig gereinigt werden kann.

Offene Aquarien

Aquarien kann man auch offen betreiben. Eine umlaufende Glaskante schützt gegen ein Herausspringen der Fische. Eventuell aufliegende Scheiben müssen regelmäßig gereinigt werden. Ansonsten erhalten die Pflanzen weniger Licht.

Ein gut beleuchtetes Aquarium mit schönen Pflanzen.

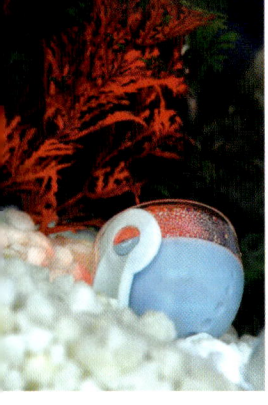

Beleuchtung im Wasser

Auch unter Wasser lässt sich Licht einsetzen.

Durch kleine Lampen oder beleuchtete Ausströmer kann das Aquarium auch von innen beleuchtet werden. Nicht jedem gefällt diese Art der Beleuchtung, aber die Fische gewöhnen sich in aller Regel sehr schnell daran. Achten Sie beim Kauf unbedingt darauf, dass die Geräte ausdrücklich für den Betrieb im Aquarium angeboten werden, möglichst das TÜV-GS-Zeichen tragen und eventuell noch die IP-Schutzklasse IP 68 aufgedruckt haben.

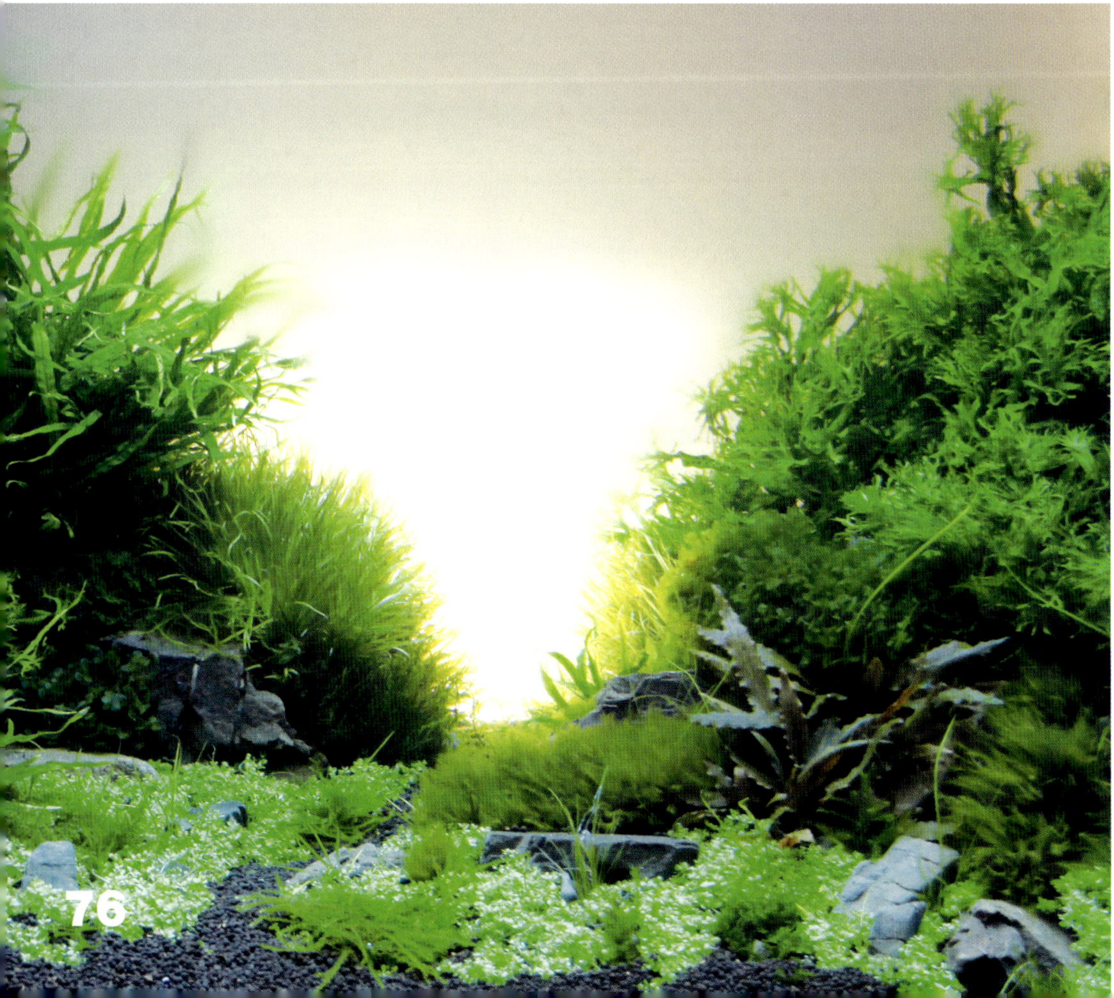

IP-Schutzklassen

Für den Betrieb von technischen Geräten gibt es die sogenannten IP-Schutzklassen. Die erste Ziffer bezieht sich auf Feststoffe (Schutz gegen Berührung). Die 5 bedeutet staubgeschützt, die 6 staubdicht. Letztere ist für die Geräte, die mit Wasser in Berührung kommen können, wie Lampen, wichtig. Dazu kommt die zweite Ziffer, die den Schutz gegen Wasser betrifft. Dabei bedeuten:

0   kein Schutz
1   Schutz gegen senkrecht fallendes Tropfwasser
2   Schutz gegen schräg (bis 15°) fallendes Tropfwasser
3   Schutz gegen fallendes Sprühwasser bis 60° gegen die Senkrechte
4   Schutz gegen allseitiges Spritzwasser
5   Schutz gegen Strahlwasser (Düse) aus beliebigem Winkel
6   Schutz gegen starkes Strahlwasser (Überflutung)
7   Schutz gegen zeitweiliges Untertauchen
8   Schutz gegen dauerndes Untertauchen

Weiches Wasser

Bestimmte Fische brauchen oft weiches Wasser zur erfolgreichen Pflege.

Zahlreiche tropische Fische stammen aus salzarmem, weichem Wasser. Zu Zuchtzwecken und für empfindliche Arten ist es oft notwendig, weiches Wasser herzustellen.

Lassen sich einige wenige Liter noch im Baumarkt preiswert einkaufen, wird es bei größerem Bedarf nötig sein, andere Methoden anzuwenden.

Vollentsalzung

Die Vollentsalzung beruht auf Polyesterharzen. Es gibt zwei unterschiedene Typen von Harzen, die entweder die Kationen (Kati = saurer Austausch) oder die Anionen (Ani = basischer Austausch) entfernen. Sinnvoll ist nur die Kombination beider Harze, um ein möglichst reines Wasser zu erhalten.

Man unterscheidet den Säulen- und Mischbettaustausch. Beim Säulenaustausch sind Kati und Ani in separaten Säulen, die nacheinander durchlaufen werden. Das hat den Vorteil, dass wir sie selbst regenerieren können, wenn sie verbraucht sind. Das merken wir, wenn die Leitfähigkeit ansteigt. Zur Regeneration werden Salzsäure und Natronlauge verwendet (Sicherheitshinweise beachten). Wenn gut gespült ist und die Leitfähigkeit unter 15 µS/cm gesunken ist, können wir das Wasser verwenden.

Einfacher zu bedienen sind Mischbettaustauscher. Dabei befindet sich das Harz in einer Patrone, die verbraucht beim Händler gegen eine neue getauscht werden kann. Selbst regenerieren können wir diese Harze nicht. Die Leistung von Mischbettaustauschern wird meist in Härtelitern angegeben. 5000 Härteliter entsprechen dabei einer Enthärtung von 500 Litern von 10 °dGH (Grad deutsche Gesamthärte) zu vollentsalztem Wasser.

Vollentsalztes oder VE-Wasser hat eine Leitfähigkeit unter 15 µS/cm. Wegen einiger enthaltener Säuren wie Kieselsäure oder gelöstem Kohlendioxid (aus der Luft) hat VE-Wasser fast immer einen sauren pH-Wert um 6.

Diese Umkehrosmoseanlage hat bereits ein Manometer zur Druckanzeige.

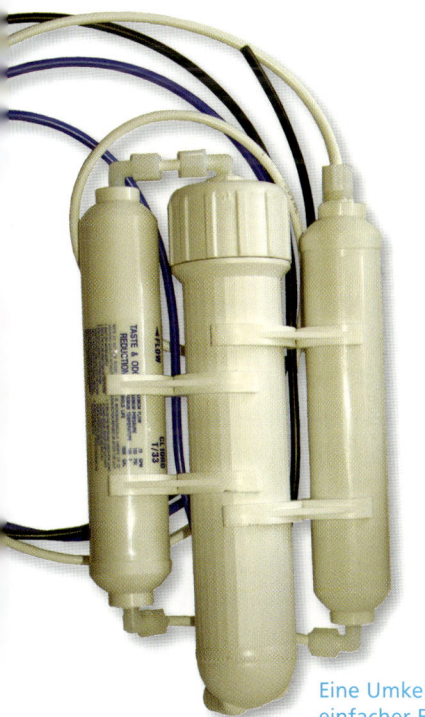

Eine Umkehrosmoseanlage einfacher Bauart.

79

Gerade Wildfänge sollten nicht durch hartes Wasser gestresst werden.

Umkehr- osmose

Osmose ist ein natürlicher Vorgang, bei dem zwei Salzlösungen unterschiedlicher Konzentration, über eine halbdurchlässige Membran (etwa eine Zellwand) miteinander verbunden, sich anzugleichen versuchen. Bei der Umkehrosmose machen wir aus diesem freiwilligen Vorgang einen erzwungenen, indem wir unser Ausgangswasser mit Druck gegen eine solche halbdurchlässige Membran drücken. Nur kleine Partikel, vor allem Wassermoleküle, können passieren, die größeren Stoffe, wie fast alle Härtebildner, müssen auf der anderen Seite bleiben. Das durchgehende Wasser ist das Umkehrosmosewasser, nach dem englischen Begriff „reverse osmosis" auch als RO-Wasser bezeichnet.

Ein Problem der aquaristisch verwendeten Umkehrosmoseanlagen ist der geringe Wirkungsgrad. Gemessen an der Ausgangsmenge, erhalten wir meist nur 20 bis 25 % Umkehrosmosewasser. Der Rest wird oft als Abfallwasser bezeichnet.

80

Umkehrosmoseanlagen bestehen aus drei Säulen. Die erste Säule dient der Grobreinigung, die bei Anschluss an die Leitungswasserleitung kaum benötigt wird. Die zweite enthält einen Aktivkohlefilter, der vor allem das Chlor zurückhalten soll. Geben wir zu viel Druck auf die Membran und spülen sie nach Gebrauch nicht durch, verringern wir ihre Lebensdauer unter Umständen ganz erheblich. Richten Sie sich unbedingt nach den Angaben in der Bedienungsanleitung. Auch bei der Umkehrosmose zeigt uns das Messgerät an, wann die Membrane ihr Lebensende erreicht hat. Umkehrosmose reinigt das Wasser nicht so gründlich, das RO-Wasser hat noch eine Leitfähigkeit von 60 bis 80 µS/cm. Für die Fischhaltung erhöhen wir die Leitfähigkeit auf mindestens 100 µS/cm.

Wohin mit dem „Abfallwasser"?

Bei einem Wirkungsgrad von 20 % ist ein Ausgangswasser von 10 °dGH gerade einmal um gut 2 °dGH aufgehärtet. Zum Blumengießen weniger geeignet, sollten wir uns überlegen, wie wir dieses Wasser ressourcenschonend anderweitig verwenden können.

Ausbeute mit zweiter RO-Säule erhöhen

Einige Anbieter bieten bei ihren für die Aquaristik entwickelten Anlagen die Installationsmöglichkeit einer zweiten RO-Säule. Dadurch lässt sich der Wirkungsgrad auf 30 %, bei relativ weichem Ausgangswasser sogar bis auf 35 % erhöhen.

Kohlendioxid

Kohlendioxid, CO_2, ist ein farb- und geruchloses Gas, schwerer als Luft, das in unserer Umgebungsluft zu etwa 0,04 % enthalten ist. Es löst sich auf natürliche Art in Wasser zu etwa 0,5 mg/l. Unsere Fische geben CO_2 ans Wasser ab, im Rahmen der Fotosynthese wird dieses von Pflanzen, vorausgesetzt, es sind ausreichend Licht und Nährstoffe vorhanden, verbraucht. Sie produzieren daraus unter anderem auch Sauerstoff. Nachts jedoch verbrauchen auch die Pflanzen Sauerstoff und produzieren CO_2. Das ist der Grund, warum CO_2-Anlagen nachts abgeschaltet werden können.

Pinselalgen sind ein Zeichen für CO_2-Mangel.

Warum CO_2?

CO_2 lässt sich auch über einen Ausströmer ins Wasser bringen.

Mit der Zugabe von CO_2 erreichen wir zwei Effekte: Zum einen führen wir den Pflanzen einen sehr wichtigen Nährstoff zu, zum anderen senken wir den pH-Wert des Wassers. Letzteres wirkt sich positiv auf unsere Fische aus, die meist aus leicht sauren Gewässern stammen. Leitungswasser hat fast immer einen pH-Wert über 7 und sollte deswegen angesäuert werden. Das können wir mit den im Fachhandel erhältlichen Mitteln zur pH-Wert-Senkung machen. Besser ist es jedoch, wenn wir dazu das CO_2 selbst verwenden. Allerdings macht das nur Sinn, wenn die Karbonathärte niedrig ist.

82

Der Langzeittest zeigt an,
ob genug CO_2 im Wasser ist.

Karbonathärte, CO_2 und pH-Wert

Der optimale CO_2-Gehalt zur Pflanzenernährung liegt bei 10 bis 15 mg/l. Höher sollte er auch zu Ansäuerungszwecken nicht sein. Bei einem Wert von 2 °dKH erreichen wir damit einen pH-Wert von 6,5 bis 6,8.

Üppiger Pflanzenwuchs
dank CO_2-Anlage.

Besser kein Selbstbau

Beim Selbstbau fehlt uns zumindest am Anfang das Fingerspitzengefühl, wie viel Zucker wir zugeben dürfen. So kann es, auch durch Konstruktionsmängel, dazu kommen, dass sich in der Flasche ein zu starker Druck aufbaut und diese sogar platzt. Deswegen sollten keine Glasflaschen dazu verwendet werden, sondern Kunststoffflaschen. Sicherer sind aber die käuflichen Anlagen.

CO_2-Gehalt messen

Den Gehalt an Kohlendioxid im Wasser direkt zu messen, wäre zu aufwändig. Deswegen wird er indirekt über den pH-Wert ermittelt, in der Regel mit pH-Dauertests. Ein Indikator steht über eine Membran mit dem Aquarienwasser in Verbindung und zeigt uns, wie hoch der pH-Wert ist.

Kohlendioxid wird auf Umwegen über Elektrolyse hergestellt.

Am weitesten verbreitet zur CO_2-Lösung sind Flipper oder Reaktoren.

84

Biologische CO_2-Anlagen

Preiswerte Anlagen, oft als Bioanlagen bezeichnet, machen sich das Prinzip der alkoholischen Gärung zunutze. Gibt man Zucker, Wasser und Hefebakterien in einem gewissen Verhältnis zusammen, produziert die Hefe aus dem Zucker Alkohol, als „Abfallstoff" entsteht dabei Kohlendioxid. Dieses wird dann ins Aquarium eingeleitet.

Anlagen mit CO_2-Flasche

Für größere Anlagen und solche, die genauer geregelt werden sollen (Regeleinheit zur CO_2-Steuerung s. S. 61), werden Flaschen benutzt, die mit CO_2 befüllt wurden. Sie sind druckgeprüft (mindestens 150 bar) und haben einen Druckminderer. Bei einfachen Flaschen (Einweg) ist dieser fest eingestellt, bei den etwas höherwertigen und vor allem größeren Flaschen wird ein Druckminderungsventil verwendet, das den Flaschendruck auf den Betriebsdruck reduziert. Im CO_2-Reaktor oder CO_2-Flipper steigen die Blasen langsam auf und lösen sich dabei im Wasser. Zwischen Druckminderventil und Aquarium sollte unbedingt ein Rückschlagventil angebracht werden. Zusätzlich kann auch ein Magnetventil eingesetzt werden. Dieses schaltet über eine Zeitschaltuhr nachts oder über eine Verbindung zu einem Controller nicht nur dann, sondern auch bei ausreichendem CO_2-Gehalt im Aquarium die Zufuhr ab.

Eine größere CO_2-Anlage mit allem Zubehör.

85

Typisch bei Kohleelektroden sind die Kalkablagerungen.

Anlagen mit Kohleplatten

Legt man in Aquarienwasser eine Spannung zwischen zwei Kohleplatten an, läuft eine Elektrolyse ab, die eine sehr kleine Menge Wasser in Sauerstoff und Wasserstoff zerlegt. Dabei verbrauchen sich die Kohleelektroden und es wird CO_2 erzeugt. Ein Nebeneffekt ist eine Verringerung der Wasserhärte (Gesamt- und Karbonathärte), die sich in Kalkbelägen auf den Kohleelektroden zeigt. Deswegen müssen die Kohleelektroden regelmäßig gereinigt werden.

Anlagen mit Katalyse

Es gibt auf dem Markt einen kleinen CO_2-Spender (Carbonator), der etwa 1 g CO_2/Tag freisetzt. Von dort perlt das CO_2 unter eine kleine Glocke; hier findet an der Kontaktfläche mit Wasser die Lösung statt.

Der Carbonator ist ein gutes Gerät für kleinere Aquarien.

Einweg oder Mehrweg?

Um Ressourcen zu schonen, sollten eigentlich keine Einwegflaschen zur Verwendung kommen. Wenn Sie aber keine günstige Gelegenheit finden, eine Mehrwegflasche füllen zu lassen, ist Einweg die bessere Lösung. Nachfüllen oder tauschen können die Flaschen Anbieter von technischen Gasen (Branchenbuch), Zoohändler vor Ort (zahlreiche Händler betreiben sogar eigene CO_2-Abfüllstationen) sowie einige Versandhändler.

86

Ultraviolettes Licht – UV-C

Der UV-Bereich hat gegenüber dem Licht kürzere Wellenlängen. Es hat sich herausgestellt, dass vor allem das im UV-C-Bereich liegende Spektrum um 253 nm (Nanometer) besonders schädlich vor allem für Kleinlebewesen ist. So werden in den UV-C-Leuchten Lampen genau dieser Wellenlänge verwendet.

Normales Glas ist für UV-Licht nur schwer zu durchdringen. Deswegen werden Quarzlampen verwendet. Vermeiden Sie direkten Kontakt mit einer leuchtenden UV-C-Lampe, da diese Strahlung auch für uns unge-

sund ist. Für die optimale Wirkung des UV-C-Lichts ist die Einwirkzeit von Bedeutung. Je langsamer das Aquarienwasser an der UV-C-Lampe vorbeifließt, desto größer ist die Wirkung. Haben wir also einen schnell arbeitenden Filter, kann es sinnvoll sein, die UV-C-Lampe im Bypass zu betreiben. Dafür richten wir einen zusätzlichen kleinen Kreislauf ein (entweder mit separater Pumpe oder, mit entsprechenden Verteilern, am bestehenden System). Das langsamere Fließen in diesem Bypass erhöht die Lampenwirkung deutlich.

Die UV-C-Lampe sorgt dafür, dass die Erregerdichte abnimmt und das Immunsystem der Fische somit mit den restlichen Erregern besser fertig wird.

Eine UV-Lampe leuchtet etwa ein Jahr lang.

UVC-Lampen sind noch relativ wenig verbreitet – zu Unrecht.

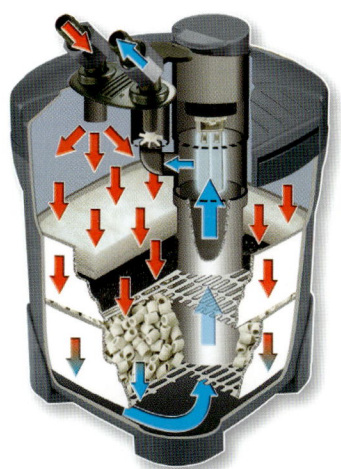

Funktionsprinzip eines Filters mit UVC-Lampe.

87

UV-C und Krankheits-behandlung

Zur Behandlung von Krankheiten, die durch frei schwimmende Erreger verursacht oder verstärkt werden, hat sich UV-C bewährt. Selbst Fisch-tuberkulose kann damit manchmal erfolgreich bekämpft werden, mög-lichst zusammen mit einem Oberflä-chenabsauger (s. S. 43).

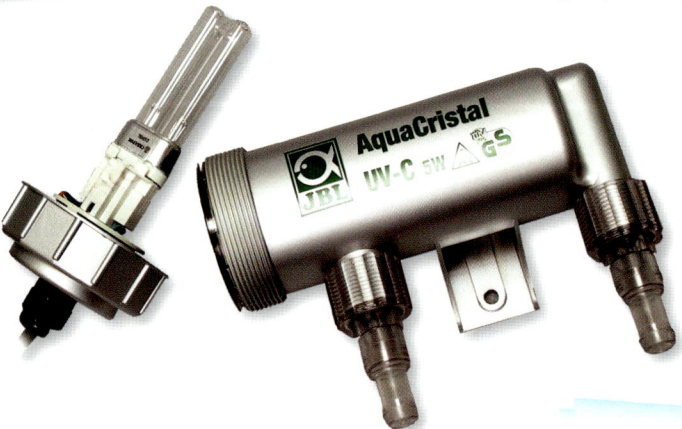

88

UV-C-Lösungen

Es gibt bereits Filter, die eine eingebaute UV-C-Lampe haben. Achten Sie darauf, dass die Lampe möglichst abschaltbar ist. Geht das nicht, muss der Filter während einer Krankheitsbehandlung ersetzt werden. Da viele Medikamente sowieso die Filterbakterien zerstören würden, können wir den Filter solange an einem Eimer oder leeren Aquarium betreiben.

Fließschema in einer UV-C-Leuchte.

Wartung

UV-C-Lampen haben eine übliche Betriebszeit von 8000 Brennstunden, etwa ein Jahr. Dann leuchtet die Lampe zwar noch, wirkt aber nicht mehr. Außerdem kann die Röhre verschmutzen. Reinigen Sie die Röhre daher routinemäßig alle sechs bis acht Wochen mit einem weichen, sauberen Lappen unter lauwarmem Wasser, ohne Einsatz von Spülmitteln.

89

Nützliches Zubehör

Mit dem einen oder anderen nützlichen Zubehörteil kann man sich die Arbeit am Aquarium erleichtern.

Düngeautomat

Düngeautomaten dosieren Flüssigdünger in gleichmäßigen Abständen in das Aquarium. Über die enthaltene Zeitschaltuhr wird einmal täglich die von Ihnen geplante Menge Dünger in das Aquarium abgegeben. Der Automat wird an der Oberkante des Aquariums angebracht.

Auch Düngemittel können automatisch dosiert werden.

Dosator

Durch katalytische Zersetzung wird im Dosator in geringen Mengen ein Gas erzeugt, das Flüssigdünger in das Aquarium drückt. Auch der Dosator läuft wie der Düngeautomat problemlos so lange, bis er leer ist.

Für kleinere Aquarien bietet sich auch der Dosator an.

90

Kupplungen

Zu- und Ableitungen vom Aquarium, etwa zum Außenfilter, können über spezielle Kupplungen angeschlossen werden. Das erleichtert das Herausnehmen eines Filters zur Reinigung ganz erheblich. Et-was nachteilig wirkt sich die geringe Druckreduktion aus, deswegen sollte die Filterleistung nicht zu gering sein.

Praktisch: eine große Pinzette.

Pflanzenzangen und Großpinzetten

Besonders für große Aquarien haben sich diese Hilfsmittel bewährt. So können die notwendigen Pflegemaß-nahmen an Pflanzen einfacher durchgeführt werden. Auch tote Fische lassen sich so bequem entfernen.

Größere Scheiben erfordern auch größere Klingen.

Scheibenreiniger

Es gibt zwei unterschiedliche Typen von Scheibenreinigern. Beim **Klingenreiniger** wird vorne eine Rasierklinge eingesetzt, die die Scheiben sicher von Algen befreit. Zur schonenderen Reinigung, etwa von Kunststoffbecken, gibt es ähnlich gebaute Reiniger mit Filzleiste statt Rasierklinge. Noch einfacher sind **Algenmagnete**. Diese werden auf beiden Seiten der Aquarienscheibe angebracht und durch

Mit einem Algenmagneten lassen sich Beläge leicht entfernen.

91

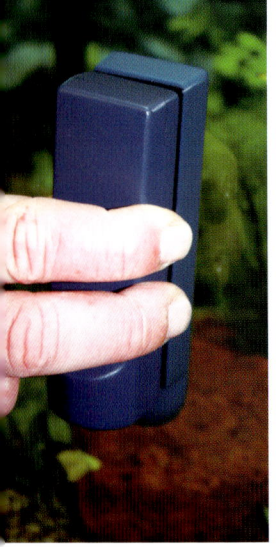

Bewegen des äußeren Teils reinigen wir den Innenteil. Neu entwickelte Algenmagnete lassen sich ohne ins Wasser langen zu müssen wieder aufnehmen, wenn sie abgefallen sind. Einige Exemplare lassen sich auch um Ecken führen, ohne abzufallen.

Algenmagneten können heute sogar um die Ecken geführt werden.

Schläuche gängig machen

Manchmal gelingt es uns nicht, das Schlauchende auf einen Anschluss oder ein Rohr zu schieben. Dann taucht man das Ende des Schlauchs kurz in heißes Wasser, schon lässt es sich problemlos (Achtung: heiß, Schutzhandschuhe tragen!) über den Anschluss schieben und hält nach dem Erkalten.

Schläuche

Praktisch: Knickschutz für Schläuche.

Für den Anschluss von Filtern werden Schläuche benötigt. Luftschläuche bestehen aus grünem oder schwarzem PVC oder Silikon, größere Schläuche bestehen überwiegend aus grünem PVC. Sie geben etwas Weichmacher an das Wasser ab und werden dadurch auf Dauer hart. Ohne Weichmacher sind Silikonschläuche. Sie sind jedoch deutlich weicher als PVC-Schläuche. Knicke in großen Schläuchen sollten mit Schlauchschalen gestützt werden.

Die Schlauchgröße wird mit zwei Zahlen angegeben, etwa 16/22 mm. Die erste Zahl gibt den Innen-, die zweite den Außendurchmesser an.

92

Futterautomaten

Für das Füttern bei Abwesenheit oder wenn Fütterungen automatisch ablaufen sollen, gibt es Futterautomaten. Täglich ein- bis mehrmals wird zu einer vorgegebenen Zeit, wobei auch zufällige Intervalle möglich sind, eine bestimmte Futtermenge ins Aquarium gegeben.

Einige Abdeckungen haben bereits eine Öffnung für den Automaten, andere Automaten können am Rand des Aquariums auf die Glasscheibe gesteckt werden.

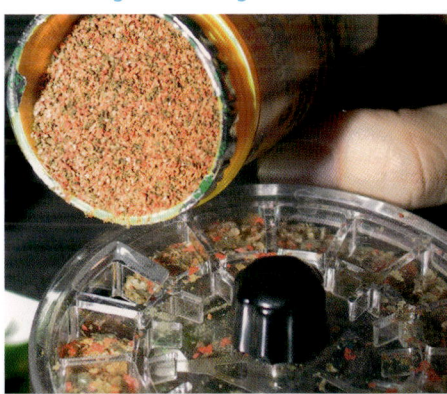

Futterautomaten sind sinnvoll, wenn man häufiger unterwegs ist.

Einige Abdeckungen haben Aussparungen für Futterautomaten.

93

Aquaristik die begeistert!

Das Magazin für aktuelle Süßwasserpraxis

Neu
Mehr Infos
Mehr Praxis
Mehr Spaß
Mit großem Foto-wettbewerb

6 x jährlich das reich bebilderte Fachmagazin für Süßwasser-Aquarianer mit

- Praxistipps für erfolgreiche Pflege und Zucht
- anregenden Reiseberichten aus aller Welt
- aktuellen Berichten aus der Aquaristikszene
- Veranstaltungen und praktischem Rat
- neuer Aquarientechnik, Fischen und Pflanzen

Einfach per Telefon oder online bestellen

LeserService 0 72 43 / 575-143

service@daehne.de · www.aquaristik-online.de

Dähne Verlag
Ich weiß.

Dähne Verlag GmbH
Postfach 10 02 50
76256 Ettlingen
Tel. +49 / 72 43 / 575-143
Fax +49 / 72 43 / 575-100
service@daehne.de

GIESEMANN
aquaristic

NANO – OPTIMALES LICHT

Kompakte Aquarien erfordern innovative Beleuchtungslösungen, flexibel, technisch durchdacht und dennoch ansprechend im Design – die NANO. Gerade die minimierten Abmessungen und das geringe Eigengewicht durch Einsatz eines externen Steuergerätes, tragen dazu bei, die ideale Einzelbeleuchtung für alle Süß- und Meerwasseraquarien zu sein.

Trotz geringer Abmessungen lassen sich insbesondere Nanoaquarien oder Aquarien von 30 – 60 cm Kantenlänge in Würfel- oder Eckform ideal beleuchten.

Giesemann Lichttechnik GmbH · D-41334 Nettetal · Fon + 49 (0) 21 57 - 81 29 90 . Weitere Informationen finden Sie in Ihrem Fachgeschäft oder unter www.giesemann.de

UMKEHROSMOSE
DIE WELT DES GUTEN WASSERS !

ROWA

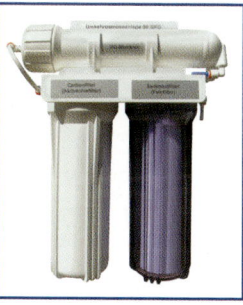

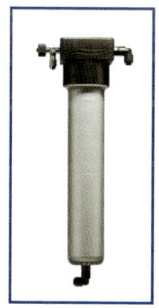
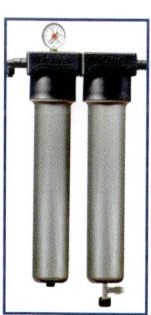

Die Marke ROWA ist seit vielen Jahren national und international erfolgreich im Zoofachhandel vertreten. Überall dort, wo hohe Ansprüche an gute Wasserqualität gesetzt werden, oder spezielle Wasseraufbereitungsprobleme bewältigt werden müssen vertraut man auf ROWA Produkte.

ROWA Umkehrosmoseanlagen - Qualität auf dem neuesten Stand der Technik.
Mit Hilfe der Umkehrosmose-Technik erhalten Sie Wasser großer Reinheit. Dieses ultrafeine Membranfilterverfahren ist umweltfreundlich, chemiefrei und sicher. ROWA bietet ein breites Spektrum leistungsfähiger Anlagen für jeden Einsatzzweck, vom günstigen Einsteigermodell bis zur professionellen Großanlage.

GIESEMANN
aquaristic

ROWA eine Marke im Exklusivvertrieb der Giesemann aquaristic GmbH · Bürdestraße 14 · D-41334 Nettetal

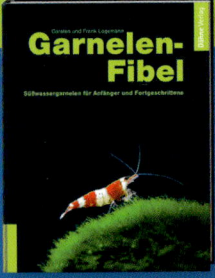

Carsten und Frank Logemann

Garnelen-Fibel
Süßwassergarnelen für
Anfänger und Fortgeschrittene

3. Auflage, 92 Seiten, 150 Farbfotos,
geb., € 14,80, ISBN 978-3-935175-38-8

Die Autoren haben in dieser Grundlagenfibel alles notwendige Wissen über Haltung
und Pflege, Einrichtung des Aquariums,
Technik, Futter, Paarung und Vermehrung
sowie Krankheiten zusammengetragen und
äußerst unterhaltsam und anschaulich dar-
gestellt.

Andreas Karge / Werner Klotz

Süßwassergarnelen
aus aller Welt

2., aktualisierte und erweiterte Auflage, 216
Seiten, 330 Farbfotos, geb.,
ISBN 978-3-935175-39-5

Das weltweit erste umfassende Nachschla-
gewerk über alle bisher beschriebenen und im
Handel verfügbaren Garnelenarten. Exakte
Bezeichnungen, die wichtigsten Unterschei-
dungsmerkmale, Verbreitung und natürlicher
Lebensraum, Körperbau und Krankheiten sowie
Anleitungen und Tipps für erfolgreiche Pflege
und Zucht.

Chris Lukhaup / Reinhard Pekny

Süßwasserkrebse
aus aller Welt

2. völlig neu bearbeitete und erweiterte
Auflage, 292 Seiten, 600 Farbfotos, geb.,
ISBN 978-3-935175-40-1

Das erste umfassende Werk über alle Fluss-
krebs-Arten in vollständiger Neubearbeitung.
Genaue Beschreibungen der Arten, Lebens-
weise und Verbreitung. Brillante Fotos zeigen
die faszinierende Vielfalt und vermitteln alles
Wichtige für Haltung und Pflege.

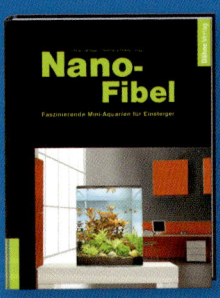

Chris Lukhaup / Reinhard Pekny (Hrsg.)

Nano-Fibel
Faszinierende Mini-Aquarien
für Einsteiger

92 Seiten, 200 Farbfotos, geb.,
ISBN 978-3-935175-44-9

Ein fachkundiges Autorenteam zeigt, wie
faszinierend ein Aquarium von 10 bis 50
Litern aussehen kann. Ob Pflanzen,
Garnelen, Krebse, Schnecken, Fische oder
technische Voraussetzungen. In dieser
Fibel finden Sie leicht verständlich und
reich bebildert alle wichtigen Infos und
Tipps.

Friedrich Bitter

Schnecken-Fibel
Attraktive und nützliche Tiere
im Süßwasseraquarium

92 Seiten, 200 Farbfotos, geb.
ISBN 978-3-935175-45-6

Schnecken erfreuen sich in den letzten Jahren einer
wachsenden Beliebtheit in der Aquaristik. Dabei können sie nicht nur überaus nützliche Lebewesen im
Becken sein, sondern sind auch optisch besonders
reizvoll. In dieser Grundlagenfibel hat der Autor das
gesamte notwendige Basiswissen über diese faszinie-
renden Wirbellosen zusammengetragen und stellt in
nie gekannter Vielfalt die verschiedenen Gattungen
und ihre Besonderheiten vor.

Dähne Verlag
Ich weiß.

Dähne Verlag GmbH
www.aquaristik-online
service@daehne.com